高等院校专业实验系列教材

物理化学实验

（第2版）

主　编　张西慧　王弋戈
副主编　陈玉焕　刘秀伍
　　　　刘洁翔　张姝明

内 容 提 要

本书为编者在多年教学实践的基础上，根据教育部高等学校化学类专业教学指导委员会制定的《化学类专业化学实验教学建议内容》（2017 年发布）编写的物理化学实验教材。本书详细解析了 16 个物理化学实验，操作实用、简练，引用数据准确。在本书内容的指导下，学生可圆满完成实验任务。

本书既可以作为工科院校物理化学实验教材使用，亦可以作为化学爱好者进行物理化学实验时的参考书。

图书在版编目(CIP)数据

物理化学实验/张西慧，王弋戈主编；陈玉焕等副主编. —2版. —天津：天津大学出版社，2022.6（2023.7重印）

高等院校专业实验系列教材

ISBN 978-7-5618-7189-8

Ⅰ. ①物… Ⅱ. ①张… ②王… ③陈… Ⅲ. ①物理化学－化学实验－高等学校－教材 Ⅳ. ①O64-33

中国版本图书馆CIP数据核字（2022）第084871号

出版发行 天津大学出版社
地 址 天津市卫津路92号天津大学内（邮编：300072）
电 话 发行部：022-27403647
网 址 www.tjupress.com.cn
印 刷 廊坊市海涛印刷有限公司
经 销 全国各地新华书店
开 本 185mm×260mm
印 张 9
字 数 225千
版 次 2022年6月第1版
印 次 2023年7月第2次
定 价 29.80元

第2版前言

本书在《物理化学实验》(韩恩山主编)一书的基础上,依据教育部高等学校化学类专业教学指导委员会制定的《化学类专业化学实验教学建议内容》(2017年发布)列出的物理化学实验教学知识点,同时参考国内外出版的一些《物理化学实验》教材和教学论文完成修订。

本次修订内容主要有以下几个方面:①为满足教学需求,更换了原书中的6个实验项目,并修订了另外10个实验项目的方法、仪器等;②基于环保要求,将原实验中的苯替换成对环境友好的环己烷,将原水银压力计替换成无汞的数字压力计等;③基于实验室安全要求,在绪论中增加"物理化学实验室的安全防护"等内容,从安全使用化学药品、安全用电、安全使用气体钢瓶三个方面提高实验者的实验安全意识;④为方便教学,本次修订重新组织了教材结构,将每个实验项目中使用的实验仪器和实验技术的拓展内容安排在各个实验项目后边的附录中;⑤为了进一步提高物理化学实验课程的高阶性、创新性、挑战度,培养学生的探索精神和创新意识,在每个实验项目中都增加了"实验拓展与讨论"内容,引导学生设计相关实验,并根据实验目标自主完成实验操作;⑥配套制作了一些实验项目和仪器的视频资料,方便学生预习。

本次修订由河北工业大学物理化学教研室全员共同完成:刘洁翔修订实验一、实验六、实验八;张姝明修订实验二、实验十六;王弋戈修订实验三、实验四、实验九;陈玉焕修订实验五、实验十三;刘秀伍修订实验七、实验十一、实验十二;张西慧修订绪论、实验十、实验十四、实验十五;王桂香和徐念修订各实验项目后的附录。全书由张西慧统稿、定稿,由王弋戈审核。

本书的出版得到了河北工业大学2020—2021年度本科教材建设项目的支持,同时得到了天津大学出版社的指导和帮助。本书在编写过程中还参考了部分院校的物理化学实验教材和一些科技论文,在此谨表衷心的感谢。

由于编者水平有限,时间又比较紧迫,书中难免存在一些疏漏和欠妥之处,敬请读者给予批评和指正。

编者

2021年9月于河北工业大学

前　言

本书是按照原国家教委制定的《高等学校工科本科基础课程教学基本要求》(1995年修订)的物理化学实验部分编写的。本书在编写过程中,主要参考了河北工业大学物理化学教研室自编的《物理化学实验》教材,同时也参考了国内外出版的一些《物理化学实验》教材。本次编写后有实验16个、附录14个(含附表9个)。

全书分绪论、实验、附录三大部分。

绪论部分主要介绍了物理化学实验的目的和要求,以及物理化学实验中常用的误差计算和数据处理方法。

实验部分是本书的主要内容,共包括热力学、电化学、化学动力学及物性测定等4个方面的16个实验。实验说明书包括实验目的、实验原理、实验仪器及试剂、实验步骤、记录表格、数据处理和思考题等,以便于学生预习、实验、记录,最后写出实验报告。

附录部分介绍物理化学实验中用到的实验仪器和实验技术以及一些常用的实验数据,但不包括《物理化学》教材中已经有的数据,另外还增加了新仪器设备的原理和使用说明及计算机处理数据的内容。

参加本实验教材编写和审稿工作的有韩恩山、王缚鹏、杨世东、王桂香、赵立田、李剑秋、丁会利、栾蕊、刘敏、阮艳莉、毕亚东等。王缚鹏同志负责计算机程序编写工作,杨世东同志在文字输入、图片绘制等方面做了很多工作,在此谨表谢意。

由于我们水平有限,时间又比较紧迫,书中难免存在错误和疏漏,热切希望读者给予批评指正。

韩恩山

2001年1月于河北工业大学

目　录

I 绪 论

一、物理化学实验的目的和要求

物理化学实验是继无机化学实验、分析化学实验和有机化学实验之后又一门独立的基础实验课。它是配合物理化学理论教学的重要课程，是理论联系实际的重要环节之一。它通过实验的手段研究物质的物理化学性质及其与化学反应之间的关系，从而形成规律性的认识，使学生掌握物理化学的有关理论、实验方法和实验技能。

作为一门独立的基础实验课，物理化学实验的主要目的有三个：首先，使学生掌握物理化学实验的基本方法和技能，从而能够根据所学原理选择、设计实验方案和正确使用仪器，学会从成熟的实验操作中“悟规律、明方向、学方法、增智慧”，培养创新精神和科研能力；其次，锻炼学生观察现象、正确记录数据和处理数据、分析实验结果的能力，在实验操作和数据处理的过程中教育学生实事求是，不弄虚作假，以立德树人为根本任务，培养其严肃认真、追求真理、严谨治学的态度和求真务实的作风；最后，通过实验课来验证所学的物理化学原理，加深学生对物理化学理论的理解，突出问题导向，提高学生灵活运用物理化学知识的能力。

为了达到上述目的，必须对学生提出明确的要求，进行正确的、严格的基本操作训练。具体实验时要求学生做到如下几点。

1. 实验前的预习

学生应在实验前认真阅读《物理化学实验》教材中的实验内容，了解实验的目的和要求，掌握实验所依据的基本理论，明确实验步骤及需要测量、记录的数据，了解所用仪器的构造和操作规程，写出预习报告。预习报告中应包括实验的简单原理、步骤、操作要点、数据记录表格以及在预习中发现的疑难问题等。教师应检查学生的预习情况，对学生进行必要的提问，并解答学生遇到的疑难问题。学生达到预习要求后，才能进行实验。预习报告的格式如图 1 所示。

2. 实验操作过程

（1）进入实验室后，按所做实验内容到指定实验台前，先对实验所需的仪器和试剂进行核对。

（2）在了解仪器的使用方法前，不得擅自乱动仪器，不得拆卸仪器。仪器安装好后，必须经教师检查无误，方能进行实验。

（3）若有仪器损坏，应立即向教师报告，并检查损坏原因，填写赔损单。

（4）具体操作时，应严格控制实验条件，仔细观察实验现象，详细记录原始数据。记录应准确、完整、整洁。在实验过程中不仅要保持严谨的科学态度，做到认真细致、有条不紊、一丝不苟，而且要积极思考，善于发现和解决实验中出现的各种问题。不许串位，不许大声喧哗。

实验题目

一、实验目的

（该实验的主要目的，一般以（1）、（2）……的形式分条目列出）

二、实验原理

（该实验的基本原理和主要公式）

三、实验仪器及试剂

（该实验所用仪器的名称、型号，所用化学试剂的名称，所用溶液的浓度等）

四、实验步骤

（该实验的具体步骤，一般以（1）、（2）……的形式分条目列出，要求全面、准确，注意画出实验装置图）

五、实验数据记录

（记录数据时，一定要记下实验条件，包括开始实验时的室温、大气压，结束实验时的室温、大气压等。记录数据的表格要提前做好表头。数据记录要反映实验过程中的原始数据情况，一定不能用铅笔书写，记错的地方可以打“×”划掉重写，不能用涂改液修改或删除数据）

图1　预习报告格式

（5）实验完毕后，将数据交给教师审查，等审查合格后再拆实验仪器，清洗玻璃器皿。如不合格，需补做或重做实验。

3. 实验报告

（1）搞清楚数据处理的原理、方法、步骤及数据的单位后，应仔细地进行计算，正确地表达数据结果。数据处理需要每位学生独立进行。

（2）实验报告应包括姓名、班级、日期、同组人、实验题目、实验目的、实验原理、实验仪器及试剂、实验步骤、实验数据记录、实验数据处理、结果讨论、思考题解答等。其中，实验数据记录在表格中，不要随意涂改；作图可用坐标纸或计算机软件，必须独立并规范完成；实验数据处理应按有效数字和误差范围进行；结果讨论部分应把实验中的心得体会、做好实验的关键、实验结果的可靠程度、对实验中特殊现象的分析和解释写出来，还可提出改进实验的意见和方法。

实验报告也可在前述预习报告的基础上补充图2所示内容完成。

实验报告是对物理化学实验项目的总结，是整个实验中一项重要的工作。要求学生写报告时开动脑筋，钻研问题，耐心计算，书写工整，写作合乎规范。

六、实验数据处理

（要求学生记录由实验数据得到实验结果的完整过程（包括作图）：必须有所用公式、数据代入过程、得到的结果和单位；由图形得出数据时也必须写出完整过程，不能简单地以"由图得"给出结果；实验教材中数据处理部分以（1）、（2）……的形式分条目列出要求的内容都需要完成；数据处理得到的结果既可以单独列表给出，也可以跟数据记录列在同一个表中）

七、结果讨论

（写出实验中的心得体会、做好实验的关键、实验结果的可靠程度、对实验中特殊现象的分析和解释等，还可提出改进实验的意见和方法）

八、思考题解答

（解答实验教材列出的思考题或者教师提出的思考题）

图 2　实验报告补充内容

二、物理化学实验室的安全防护

物理化学实验室的安全防护格外重要。由于在物理化学实验室里经常会遇到高温或低温的实验条件，使用高气压（高压钢瓶）、低气压（真空系统）、高电压、高频和带有辐射源的仪器等，因此实验者应当具备必要的安全防护基础知识，掌握应采取的预防措施以及处理事故现场的方法。限于篇幅，本书仅简单介绍一些常见的化学药品、电器设备和气体钢瓶的安全防护知识。

1. 使用化学药品的安全防护

1）防毒

大多数化学药品都具有不同程度的毒性。有毒的化学药品可以通过呼吸道、消化道和皮肤进入人体，因此防毒的关键是防止它们进入人体。

（1）不得在实验室内喝水、抽烟、吃东西，不得将饮食用具带入实验室，以防被化学药品污染。离开实验室前要洗净双手。

（2）实验前应了解所用药品的毒性及相应的防护措施。

（3）有毒气体（如 H_2S、Cl_2、NO_2 等）和易挥发液体（如浓盐酸、氢氟酸、Br_2 等）应在通风橱中进行操作。

（4）苯、四氯化碳、乙醚、硝基苯等蒸气会引起中毒，必须高度警惕，防护到位。

（5）用移液管移取有毒、有腐蚀性的液体（如苯、洗液等）时，一定要戴胶皮手套，并用洗耳球吸取。

（6）有些药品（如苯、汞等）能穿透皮肤进入体内，一定要避免这些药品直接与皮肤接触。

（7）高汞盐（如 $HgCl_2$、$Hg(NO_3)_2$ 等）、可溶性钡盐（如 $Ba(NO_3)_2$、$BaCl_2$ 等）、重金属盐（如镉盐、铅盐等）以及氰化物、三氧化二砷等剧毒物应妥善保管。

2）防爆

当可燃性气体与空气的混合比例处于爆炸极限范围（表1）时，只要有适当的热源（如电火花）诱发，就会引起爆炸。为了防止发生爆炸，需要做到以下三点：①尽量防止可燃性气体散发到室内空气中；②保持室内通风良好；③在操作大量可燃性气体时，严禁使用明火或可能产生电火花的电器，防止铁器撞击产生火花等。

表1　与空气混合的某些气体的爆炸极限

气体或蒸气名称	爆炸高限体积分数/%	爆炸低限体积分数/%	气体或蒸气名称	爆炸高限体积分数/%	爆炸低限体积分数/%
氢气	75.0	4.0	丙酮	12.8	2.6
一氧化碳	74.0	12.5	乙醚	36.0	1.9
天然气	13.0	3.8	甲烷	15.0	5.0
环氧乙烷	100.0	3.6	乙烷	15.5	3.0
氨气	25.0	16.0	乙烯	36.0	2.7
硫化氢	45.5	4.3	丙烯	11.1	2.0
甲醇	36.0	6.7	乙炔	100.0	2.5
乙醇	19.0	3.3	苯	7.1	1.3
乙醛	60.0	4.0	乙酸乙酯	11.0	2.2

注：数据摘自王森、纪纲编《仪表常用数据手册（第二版）》，化学工业出版社，2006，第316~318页。

有些化学药品（例如叠氮铅、乙炔酮、高氯酸盐、过氧化物等）受到震动或受热容易发生爆炸，因此需要特别注意以下三点：①不得将强氧化剂与强还原剂存放在一起；②久藏的乙醚使用前必须设法除去其中可能产生的过氧化物；③在进行可能发生爆炸的实验时，应有防爆措施。

3）防火

物质燃烧需具备三个条件：可燃物、氧气或其他氧化剂以及一定的温度。

许多有机溶剂（如乙醚、丙酮、乙醇、苯、二硫化碳等）很容易引起燃烧，使用这类有机溶剂时，室内不应有明火、电火花、静电放电等。实验室内也不要过多存放这些物质，用后要及时回收处理，不可倒入下水道，以免积聚引起火灾。有些能自燃的物质（如金属镁、铝、锌以及黄磷等的粉末）由于比表面积很大，能够激烈地进行氧化反应从而自行燃烧，应单独存放于通风、阴凉、干燥处，远离明火及热源，防止太阳直射。金属钠、钾，电石，金属氢化物，烷基化物等应隔绝氧气存放和使用。

万一着火，应冷静判断情况并采取措施。可以采取隔绝氧气、降低燃烧物质的温度、将可燃物与火焰隔离等办法扑灭火灾。灭火时不能慌乱，应防止在灭火过程中打碎可燃物容器。平时应知道各种灭火器材的使用方法和存放地点。常用来灭火的物质或工具有水、细沙、灭火器（如二氧化碳灭火器、四氯化碳灭火器、泡沫灭火器、干粉灭火器等），可根据着火原因、场所等酌情选用。

水是最常用的灭火物质,可以降低燃烧物质的温度,并且形成“水蒸气幕”,从而在相当长的时间内阻止空气接近燃烧物质。但在以下四种情况下均不能用水灭火,而应根据起火地点的具体情况采用其他灭火方式。例如:

(1)当有金属钠、钾、镁、铝粉,电石,过氧化钠等存在时,应采用干燥的细沙灭火;

(2)当密度比水小的易燃液体(如油、苯、丙酮等)着火时,采用泡沫灭火器灭火更有效,这是由于泡沫比易燃液体轻,可覆盖在易燃物表面隔绝空气;

(3)当灼烧的金属或熔融物引起着火时,应采用干燥的细沙或固体粉末灭火器灭火;

(4)当电器设备或带电系统着火时,最好用二氧化碳灭火器灭火。

另外,因四氯化碳有毒,在室内灭火时最好不用四氯化碳灭火器。碱土金属(如镁粉)着火时,除了不能用水,也不能用四氯化碳灭火器灭火。

4)防灼伤

强碱、强酸、强氧化剂、溴、磷、钠、钾、苯酚、乙酸等都会腐蚀皮肤,应防止其接触皮肤,尤其应防止其溅入眼内。液氨等在低温下也会严重灼伤皮肤。万一受伤,应立即用大量水冲洗并及时就医。

5)防水

有时因故停水而水龙头没有关闭,当来水后若实验室没有人,又遇排水不畅,则会发生事故,如淋湿甚至浸泡电器设备。有些试剂(如金属钠、钾,金属氢化物,电石等)遇水还会燃烧、爆炸等。因此离开实验室前应检查水、电、气开关是否关好。

2. 使用电器设备的安全防护

1)防止触电

人体通过 50 Hz 的交流电 1 mA 时有触电感;10 mA 以上时肌肉会强烈收缩;26 mA 以上时则呼吸困难,甚至停止呼吸;100 mA 以上时心脏的心室发生纤维性颤动,以致无法救活。直流电对人体也有相似的危害。防止触电需注意以下几点。

(1)操作电器时,手必须干燥。这是因为手潮湿时电阻显著减小,容易引起触电。此外,不得直接接触绝缘不良的通电设备。

(2)一切电源裸露部分都应有绝缘装置,所有电器设备的金属外壳都应接地。

(3)损坏的接头或绝缘不良的电线应及时更换。

(4)修理或安装电器设备时,必须先切断电源。

(5)不能用试电笔去试高压电。

(6)如遇有人触电,应首先切断电源,然后进行抢救。因此应了解电源的总闸在什么地方。

(7)安装自动断路器是保护电器设备的好方法。可用保险丝制成自动断路器,保护接地电器。电器上的保险丝必须是易熔断的金属丝,其主要材料是由铅、锑、锡制成的合金,不能随意用其他金属导线来代替。保险丝的型号一般根据电器的功率选择,不能配用承载过大电流的保险丝。常用保险丝的规格和应用范围见表 2。

表2　常用保险丝的规格和应用范围

规格	直径/mm	熔断电流/A	最大安全工作电流/A	220 V 电路中配用电器的总功率/W
25	0.508	3	2	400
22	0.712	5	3.3	660
20	0.914	7	4.8	960
18	1.219	10	7	1 400
16	1.626	16	11	2 200
14	2.032	22	15	3 000
13	2.337	27	18	3 600
12	2.642	32	22	4 400
11	2.960	37	26	5 200
10	3.251	44	30	6 000

2)防止超负荷或短路

物理化学实验室内一般允许的最大电流为 30 A,超过时保险丝就会熔断。一般实验台上电源的最大允许电流为 15 A。在使用功率很大的仪器前,应事先计算电流量,严格按照规定接保险丝。长期超过规定负荷使用电源,容易引起火灾或其他严重事故。

接保险丝时,应先拉下电闸,不能带电操作。为防止短路,应避免导线间的摩擦。应尽可能避免电线、电器受到水淋或浸泡在导电的液体中,如实验室中常用的电加热器或灯泡的接口不能浸泡在水中。

若室内有大量的氢气、煤气等易燃易爆气体,应防止产生电火花,否则会引起火灾或爆炸。电火花经常在电器插头和插座接触不良、继电器工作以及开关电闸时产生,因此应注意室内通风,并采取相应的措施(如电线接头要接触良好、包扎牢固,在继电器上连接一个电容器等)消除电火花。万一着火,应首先拉下电闸,切断电路,然后用一般方法灭火。如无法拉下电闸,则用沙土或二氧化碳灭火器灭火,坚决不能用水或泡沫灭火器灭火,因为它们导电。

3)使用电器设备时的注意事项

(1)注意电器设备所要求的电源是交流电还是直流电,是三相电还是单相电,电压(380 V、220 V、110 V、6 V 等)、功率是否合适以及正负接头是否正确连接等。

(2)注意仪表的量程。待测量的大小必须与仪表的量程相适应,若对待测量的大小不清楚,必须先接仪表的最大量程。例如某毫安计的量程为 1.5 mA、3 mA、7.5 mA,应先将待测仪器接在 7.5 mA 接头上;若灵敏度不够,再将量程逐次降至 3 mA 或 1.5 mA。

(3)线路安装完毕且检查无误后,方可试探性通电。如发现任何异常情况,要立即关闭电源,再次进行检查,根据仪表指针摆动速度及方向对异常情况加以判断,确定无误后,才能正式进行实验。

(4)不进行测量时应断开线路或关闭电源,这样既能省电又能延长仪器寿命。

注意:全部人员离开实验室前应拉下总闸,以防止无人时发生意外。

3. 使用气体钢瓶的安全防护

物理化学实验中经常用到的氧气、氮气、氩气等气体常贮存在专用钢瓶里。钢瓶由无缝碳素钢或合金钢制成,为了使用安全,应定期送至检验单位进行技术检查,至少三年一次。

1)气体钢瓶的颜色标记

实验室中常用容积为40 L左右的气体钢瓶。为了避免各种钢瓶混淆,必须按规定给瓶身涂色(表3),并在其肩部刻上制造厂和检验单位的钢印标记。

表3　各种气体钢瓶的颜色标记

气体类别	瓶身颜色	标记颜色	字样
氮气	黑	黄	氮
氧气	天蓝	黑	氧
氢气	深绿	红	氢
压缩空气	黑	白	压缩空气
二氧化碳	黑	黄	二氧化碳
氦气	棕	白	氦
氨	黄	黑	氨
氯气	草绿	白	氯
氟氯烷	铝白	黑	氟氯烷
石油气	灰	红	石油气
粗氩气	黑	白	粗氩
纯氩气	灰	绿	纯氩

2)气体钢瓶的安全使用

使用气体钢瓶必须按照正确的操作规程进行,以下简述有关注意事项。

(1)钢瓶应存放在阴凉干燥、远离电源和热源(如阳光、暖气、炉火等)的地方。可燃性气体钢瓶必须与氧气钢瓶分开存放。严禁氧气与氢气同在一个实验室内使用。

(2)搬运钢瓶时要给钢瓶戴上钢帽和上、下两个橡胶腰圈;要轻拿轻放,不可在地上滚动,应避免撞击。使用架子固定钢瓶,以免其突然倾倒。

(3)使用钢瓶中的气体时,一般要安装减压阀(CO_2和NH_3例外)。可燃气体钢瓶的螺纹一般为反扣,其余为正扣。各种气体的减压阀不得混用。开启减压阀时应站在减压阀的一侧,不许将头和身体对着阀门出口。

(4)启用钢瓶前,应检查接头连接处和管道是否漏气,确认不漏气后方可使用。

(5)使用氧气时,手上、工具上、钢瓶周围及减压阀上都不能沾有油脂,以防燃烧和爆炸。

(6)钢瓶内的气体不能用尽,应保持压力表读数不小于0.1 MPa的残留压力。

(7)钢瓶须定期送交检验,合格的钢瓶才能充气使用。

三、实验误差和数据处理

在实际测量中,由于外界条件的影响、仪器的优劣以及感觉器官的限制等,测得的数据只能达到一定程度的准确性。在进行实验时,应事先了解测量所能达到的准确程度,并在实验结束后科学地分析和处理数据的误差,这对提高实验水平可起到一定的指导作用。大量实践表明,一切实验测量的结果与真值之间都会存在一个差值,称之为测量误差。了解误差的种类、起因和性质有助于提高实验的准确性。通过误差分析,可以寻找较合适的实验方法,选用合适的仪器,寻找测量的最有利条件。通过实验课和本部分内容的学习,学生应能正确计算测量误差,同时掌握有效数字运算以及正确表达测量结果的方法等。

1. 误差的分类

在任何测量中,都存在着误差。根据误差的性质,测量误差分为系统误差和偶然误差两类。

1)系统误差

系统误差又称为恒定误差,是由某种特殊原因造成的误差。这种误差使实验结果永远朝一个方向偏,所测的数据不是全部偏大,就是全部偏小。导致系统误差产生的原因有以下几个。

(1)仪器的构造不够完善,指示的数值不够准确,如温度计、移液管的刻度不够准确,天平的砝码不准,仪器漏气等。

(2)实验理论探讨不够充分或未考虑到影响结果的全部因素,如称量时未考虑空气的浮力,气压计读数未加校正等。

(3)测量方法本身存在局限性,如根据理想气体状态方程测量气体的摩尔质量时,由于实际气体与理想气体的差异,用外推法得到的摩尔质量总是比实际的摩尔质量大。

(4)所用化学试剂纯度不够,试剂中的杂质会给实验结果带来极严重的影响。

(5)测量者个体存在差异,如有人对颜色变化不敏感,造成滴定时的等当点总是提前或延后等。

系统误差决定了测量结果总是偏大或偏小,增加测量次数不能使之消除。通常可采用不同的实验技术,或采用不同的实验方法,或改变实验条件、更换仪器、提高试剂纯度等减小或消除系统误差。

2)偶然误差

在实验时,即使采用了最完善的仪器,选择了最恰当的方法,进行了十分精细的观测,所测得的数据也不可能每次都重复,仍会存在微小的差异,这种差异的产生没有一定的原因,差值的符号和大小也不确定。例如:控制滴定终点时,指示剂颜色的深浅、滴定速度的快慢、读数时的光线和位置等偶然因素造成的偏差称为偶然误差。偶然误差是难以避免的。偶然误差的大小和符号一般服从正态分布规律。可以采取多次测量取平均值的办法来减小偶然误差,测量次数越多,平均值就越接近真值。

除上述两类误差外,还有过失误差。这种误差的产生是由于实验者犯了某些不该犯的错误,如标度看错、记录写错等。这种错误在测量中应尽力避免。

2. 误差的表示

1)平均误差

平均误差的表达式为

$$\delta = \frac{\sum_{i=1}^{n} |d_i|}{n} \qquad (1)$$

其中 d_i 为测量值与算术平均值 $\bar{x}$ 的差值,即 $d_1 = x_1 - \bar{x}$, $d_2 = x_2 - \bar{x}$,…, $d_n = x_n - \bar{x}$。式中算

术平均值 $\bar{x}$ 的表达式为

$$\bar{x}=\frac{x_1+x_2+x_3+\cdots+x_n}{n} \tag{2}$$

式中:$x_1,x_2,\cdots,x_n$ 为测量值;n 为测量次数。

2)标准误差

标准误差又称均方根误差,其表达式为

$$\sigma=\sqrt{\frac{\sum_{i=1}^{n}d_i^2}{n-1}} \tag{3}$$

式中 $\sum_{i=1}^{n}d_i^2=(x_1-\bar{x})^2+(x_2-\bar{x})^2+\cdots+(x_n-\bar{x})^2$。

3)或然误差

或然误差(P)的意义:在一组测量值中,若不计正、负号,误差大于 P 的测量值的个数与误差小于 P 的测量值的个数各占测量次数的 50%,即误差落在 $-P$ 和 $+P$ 之间的测量次数占总测量次数的一半。其表达式为

$$P=0.675\sqrt{\frac{\sum_{i=1}^{n}d_i^2}{n-1}} \tag{4}$$

以上三种误差之间的关系为

$$P:\delta:\sigma=0.675:0.799:1.000 \tag{5}$$

平均误差的优点是计算简便,但用这种误差表示方法时,可能把测量误差很大的值掩盖住。标准误差对一组测量值中的较大误差或较小误差比较灵敏,因此它是表示精确度的较好的办法。测量结果的精确度可表示为 $\bar{x}\pm\sigma$ 或 $\bar{x}\pm\delta$。

例 1 连续测定某溶液的摩尔分数,得到下表中的数据。试计算算术平均值、平均误差、标准误差。

样品号	摩尔分数	$x_i-\bar{x}$	$(x_i-\bar{x})^2$
1	0.102 5	0.000 0	0.000 000 00
2	0.102 6	+0.000 1	0.000 000 01
3	0.102 5	0.000 0	0.000 000 00
4	0.102 7	+0.000 2	0.000 000 04
5	0.102 6	+0.000 1	0.000 000 01
6	0.102 3	–0.000 2	0.000 000 04
7	0.102 4	–0.000 1	0.000 000 01
8	0.102 2	–0.000 3	0.000 000 09
9	0.102 5	0.000 0	0.000 000 00
10	0.102 3	–0.000 2	0.000 000 04

解:算术平均值为

$$\bar{x}=\frac{0.102\ 5+0.102\ 6+0.102\ 5+\ldots+0.102\ 5+0.102\ 3}{10}=0.102\ 5$$

$$\sum_{i=1}^{10}|x_i-\bar{x}|=0.001\ 2$$

$$\sum_{i=1}^{10}(x_i-\bar{x})^2=0.000\ 000\ 24$$

平均误差为

$$\delta=\frac{\sum_{i=1}^{10}|x_i-\bar{x}|}{10}=\frac{0.001\ 2}{10}=0.000\ 12$$

标准误差为

$$\sigma=\sqrt{\frac{\sum_{i=1}^{10}(x_i-\bar{x})^2}{10-1}}=\sqrt{\frac{0.000\ 000\ 24}{9}}=0.000\ 16$$

4)绝对误差与相对误差

绝对误差是测量值与真值间的差值,相对误差是绝对误差与真值之比。需要注意的是,实际测得值都是近似值,真值是用校正过的仪器多次测量所得的算术平均值或载入文献、手册的公认值。

绝对误差 = 测量值 − 真值

相对误差 = 绝对误差/真值

绝对误差的单位与被测物理量的单位是相同的,而相对误差则是无单位的。因此,不同物理量的相对误差可以互相比较。另外,绝对误差的大小与被测物理量的大小无关,而相对误差与被测物理量的大小及绝对误差的数值都有关系。因此,不论是比较各种测量方法的精度还是评价测量结果的质量,采用相对误差都更为合理。

5)精确度与准确度

精确度是指测量值的重复性。偶然误差小,数据重复性好,测量值的精确度就高。准确度是指测量值符合真值的程度。系统误差与偶然误差都小,测量值的准确度就高。在一组测量值中,测量值的精确度很高,但准确度不一定很好;反之,若测量值的准确度好,则精确度一定高。

3. 偶然误差的统计规律

1)偶然误差的正态分布

偶然误差是一种不规则变动的微小差别,表现为有正有负。但是,在相同的实验条件下,对同一物理量进行重复的测量,则发现偶然误差的大小和符号完全受某种误差分布(一般指正态分布)的概率规律所支配,这种规律称为偶然误差定律。偶然误差的正态分布曲线如图3所示。图中y代表测定值的概率密度;σ代表标准误差,在相同条件下测量时其数值恒定,可以用来量度偶然误差的大小。

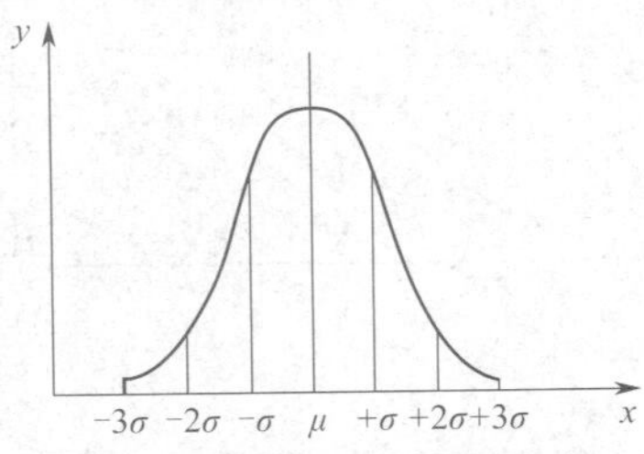

图3 偶然误差的正态分布曲线

根据偶然误差定律不难看出,偶然误差具有下述特点:

(1)在一定的测量条件下,偶然误差的绝对值不会超过一定的限值；

（2）绝对值相同的正、负误差出现的机会相同；

（3）绝对值小的误差比绝对值大的误差出现的机会多；

（4）在相同的精度下测量某一物理量时，其测量值平均误差 δ 的平均值随着测量次数 n 的无限增加而趋近于零，即 $\lim_{n\to\infty} \bar{\delta} = \lim_{n\to\infty}\frac{1}{n}\sum_{i=1}^{n}\delta_i = 0$。

因此，为了减小偶然误差的影响，在实际测量中常常对被测物理量进行多次重复的测量，以提高测量的精确度。

2）可疑测量值的舍弃

在测量过程中，经常发现个别数据很分散，如果保留它们，则计算出的误差较大；如果舍弃它们，则可以获得较好的数据重复性。但任意舍弃不合心意的数据是不科学的。在实验过程中，只有在能充分证明称量时砝码加减有错误，样品被玷污或有溅失，以及有其他过失的情况下才能舍弃某一坏数据，如果没有充分的理由，则只能根据误差理论决定数据的取舍。

由正态分布曲线的积分计算可知，一组数据包含偏差大于 3σ 的点的可能性（概率）小于1%，因此在一组相当多的数据中，偏差大于 3σ 的数据可以舍弃，因为有 99%以上的把握认为这个数据是不合理的。

另一种舍弃可疑测量值的方法是乔文涅（Chauvenet）原理。该原理指出，当某一数据与包括这个数据在内的平均值的差值大于这一组数据的或然误差的 K 倍时，此数据可舍弃。这个原理只有在包括可疑测量值在内至少有 4 个以上数据时才能应用。K 值列于表 4 中。

表 4　***K* 值**

测量次数	K	测量次数	K
5	2.44	20	3.32
6	2.57	22	3.38
7	2.68	24	3.43
8	2.76	26	3.47
9	2.84	30	3.55
10	2.91	40	3.70
12	3.02	50	3.82
14	3.12	100	4.16
16	3.20	200	4.48
18	3.26	500	4.88

例 2　测定铁矿中 Fe_2O_3 的质量分数的数据列于下表中，问最后一个数据 50.55 能否舍弃？算术平均值 $\bar{x} = 50.34$。

样品号	Fe_2O_3 的质量分数/%	与平均值的差值
1	50.30	−0.04
2	50.25	−0.09
3	50.27	−0.07
4	50.33	−0.01
5	50.34	0.00
6	50.55	+0.21

解：差值 $d_6 = 50.55 - 50.34 = 0.21$

单次测量值的或然误差

$$P = 0.675\sqrt{\frac{0.04^2+0.09^2+0.07^2+0.01^2+0.00^2+0.21^2}{5}} = 0.073$$

由表 4 知：当 $n = 6$ 时，$K = 2.57$，则 $PK = 0.073 \times 2.57 = 0.19$。因为 $d_6 > PK$，所以 50.55 这个数据可以舍弃。在舍弃可疑数据之后，重新计算留下的 5 个数据的 $\bar{x}$ 和 P，分别为 50.30 和 0.026。

4. 间接测量结果的误差计算

在大多数情况下，要对几个物理量进行测量，通过函数关系加以运算后，才能得到所需的结果，这一过程称为间接测量。在间接测量中，每个直接测量值的精确度都会影响最后结果的精确度。下面将讨论由直接测量结果的误差来计算间接测量结果的平均误差和标准误差。

1）间接测量结果的平均误差

设直接测量的数据为 x 和 y，其绝对误差为 $\mathrm{d}x$ 和 $\mathrm{d}y$，而最后结果为 u，其函数关系可表示为

$$u = u(x, y)$$

微分得

$$\mathrm{d}u = \left(\frac{\partial u}{\partial x}\right)_y \mathrm{d}x + \left(\frac{\partial u}{\partial y}\right)_x \mathrm{d}y$$

因此在运算过程中误差 $\mathrm{d}x$ 和 $\mathrm{d}y$ 都会影响最后的结果，并且考虑误差积累而取其绝对值，使 u 具有 $\mathrm{d}u$ 的误差。部分函数的平均误差列于表 5 中。

表 5　部分函数的平均误差

函数关系	绝对平均误差	相对平均误差
$u = x + y$	$\pm(\lvert\mathrm{d}x\rvert + \lvert\mathrm{d}y\rvert)$	$\pm\dfrac{\lvert\mathrm{d}x\rvert + \lvert\mathrm{d}y\rvert}{x+y}$
$u = x - y$	$\pm(\lvert\mathrm{d}x\rvert + \lvert\mathrm{d}y\rvert)$	$\pm\dfrac{\lvert\mathrm{d}x\rvert + \lvert\mathrm{d}y\rvert}{x-y}$
$u = xy$	$\pm(x\lvert\mathrm{d}y\rvert + y\lvert\mathrm{d}x\rvert)$	$\pm\left(\dfrac{\lvert\mathrm{d}x\rvert}{x} + \dfrac{\lvert\mathrm{d}y\rvert}{y}\right)$

续表

函数关系	绝对平均误差	相对平均误差
$u=x^n$	$\pm(nx^{n-1}\lvert dx\rvert)$	$\pm\ n\dfrac{\lvert dx\rvert}{x}$
$u=\ln x$	$\pm\ \dfrac{\lvert dx\rvert}{x}$	$\pm\ \dfrac{\lvert dx\rvert}{x\ln x}$

在有关百分误差的计算中,可参考表5进行运算。例如:

$$u=\frac{x}{y}$$

相对误差为

$$\frac{\Delta u}{u}=\frac{\Delta x}{x}+\frac{\Delta y}{y}$$

百分误差为

$$\frac{\Delta u}{u}\times100\%=\frac{\Delta x}{x}\times100\%+\frac{\Delta y}{y}\times100\%$$

例3 在用凝固点降低法测定物质的摩尔质量的实验中,计算式为

$$M=\frac{1\,000K_f m_B}{m_A\Delta T_f}=\frac{1\,000K_f m_B}{m_A(T_0-T)}$$

式中:M为待测溶质B的摩尔质量;K_f为溶剂A的凝固点降低系数;m_B、m_A分别为溶质、溶剂的质量,g;T_0、T分别为测得的溶剂、溶液的凝固点,℃;$\Delta T_f=T_0-T$,为凝固点降低值,℃。

这里直接测量的数值有m_B、m_A、T_0、T。若溶质的质量$m_B=0.3$ g,在分析天平上称量的绝对误差$\Delta m_B=0.000\,2$ g;溶剂的质量$m_A=20$ g,在粗天平上称量的绝对误差$\Delta m_A=0.05$ g。凝固点用贝克曼温度计测量,精确度为0.002 ℃。分3次测定溶剂的凝固点T_0,分别为5.801 ℃、5.790 ℃、5.802 ℃。同样分3次测定溶液的凝固点T,分别为5.500 ℃、5.504 ℃、5.495 ℃。那么所要测定的摩尔质量M的相对误差和百分误差是多少?

解:$\overline{T_0}=\dfrac{5.801+5.790+5.802}{3}=5.798$ ℃

$\Delta T_{01}=|5.798-5.801|=0.003$ ℃

$\Delta T_{02}=|5.798-5.790|=0.008$ ℃

$\Delta T_{03}=|5.798-5.802|=0.004$ ℃

$\overline{\Delta T_0}=\pm\dfrac{0.003+0.008+0.004}{3}=\pm\ 0.005$ ℃

$\overline{T}=\dfrac{5.500+5.504+5.495}{3}=5.500$ ℃

$\Delta T_1=|5.500-5.500|=0.000$ ℃

$\Delta T_2=|5.500-5.504|=0.004$ ℃

$\Delta T_3=|5.500-5.495|=0.005$ ℃

$\overline{\Delta T}=\pm\dfrac{0.000+0.004+0.005}{3}=\pm\ 0.003$ ℃

凝固点降低值为

$$\Delta T_f = T_0 - T = (5.798 \pm 0.005) - (5.500 \pm 0.003) = (0.298 \pm 0.008)\ ℃$$

各测量值的相对误差为

$$\frac{\Delta(\Delta T_f)}{\Delta T_f} = \frac{0.008}{0.298} = 2.7 \times 10^{-2}$$

$$\frac{\Delta m_B}{m_B} = \frac{0.000\ 2}{0.3} = 6.7 \times 10^{-4}$$

$$\frac{\Delta m_A}{m_A} = \frac{0.05}{20} = 2.5 \times 10^{-3}$$

测定摩尔质量 M 的相对误差为

$$\frac{\Delta M}{M} = \pm\left[\frac{\Delta m_A}{m_A} + \frac{\Delta m_B}{m_B} + \frac{\Delta(\Delta T_f)}{\Delta T_f}\right]$$

$$= \pm(2.5 \times 10^{-3} + 6.7 \times 10^{-4} + 2.7 \times 10^{-2})$$

$$= \pm 0.030$$

测定摩尔质量 M 的百分误差为

$$\frac{\Delta M}{M} \times 100\% = \pm 3.0\%$$

这一计算结果表明，用凝固点降低法测定物质的摩尔质量时，相对误差主要取决于测量温度的精确度。若溶质的物质的量较大，ΔT_f 较大，相对误差可以减小，但计算公式只适用于稀溶液，这是由于增大溶液浓度固然减小了偶然误差，却增大了系统误差。实际上，用此法不能十分准确地测定物质的摩尔质量。

计算结果还表明，提高称量的精确度并不能明显提高测定摩尔质量的精确度，而且过分精确的称量（如用分析天平称量溶剂的质量 m_A）是不适宜的，因为实验的关键在于温度的读数。因此，在实际操作中，为了避免过冷现象的出现影响温度的读数而加入少量固体溶剂作为晶种，反而能获得较好的测量结果。可见事先了解各测定量的误差及其影响，就能指导我们选择正确的实验方法，选用精确度适当的仪器，抓住测量的关键，得到较好的结果。

2）间接测量结果的标准误差

设直接测量的数据为 x 和 y，其函数关系为 $u = u(x, y)$，则函数 u 的标准误差为

$$\sigma_u = \sqrt{\left(\frac{\partial u}{\partial x}\right)^2 \sigma_x^2 + \left(\frac{\partial u}{\partial y}\right)^2 \sigma_y^2}$$

部分函数的标准误差列于表 6 中。

表 6　部分函数的标准误差

函数关系	绝对标准误差	相对标准误差
$u = x \pm y$	$\pm\sqrt{\sigma_x^2 + \sigma_y^2}$	$\pm\frac{1}{x \pm y}\sqrt{\sigma_x^2 + \sigma_y^2}$

续表

函数关系	绝对标准误差	相对标准误差
$u=xy$	$\pm\sqrt{y^2\sigma_x^2+x^2\sigma_y^2}$	$\pm\sqrt{\frac{\sigma_x^2}{x^2}+\frac{\sigma_y^2}{y^2}}$
$u=x/y$	$\pm\frac{1}{y}\sqrt{\sigma_x^2+\frac{x^2}{y^2}\sigma_y^2}$	$\pm\sqrt{\frac{\sigma_x^2}{x^2}+\frac{\sigma_y^2}{y^2}}$
$u=x^n$	$\pm nx^{n-1}\sigma_x$	$\pm\frac{n}{x}\sigma_x$
$u=\ln x$	$\pm\frac{\sigma_x}{x}$	$\pm\frac{\sigma_x}{x\ln x}$

例 4 溶质的摩尔质量 M 可由溶液的沸点升高值 ΔT_b 测定。以苯为溶剂、萘为溶质配制含苯(87.0 ± 0.1)g (m_A)、含萘(1.054 ± 0.001)g (m_B)的溶液，测得溶液的沸点为(3.210 ± 0.003)℃，已知纯苯的沸点为(2.975 ± 0.003)℃，试由下列公式计算萘的摩尔质量并估算其标准误差：

$$M=2.53\times\frac{1\,000m_B}{m_A\Delta T_b}$$

解：已知 m_A=(87.0 ± 0.1)g，m_B=(1.054 ± 0.001)g，ΔT_b=(3.210−2.975) ± (0.003+0.003)=(0.235 ± 0.006)℃，由函数的标准误差公式可得

$$\sigma_M=\sqrt{\left(\frac{\partial M}{\partial m_B}\right)^2\sigma_B^2+\left(\frac{\partial M}{\partial m_A}\right)^2\sigma_A^2+\left(\frac{\partial M}{\partial \Delta T_b}\right)^2\sigma_{\Delta T_b}^2}$$

$$\frac{\partial M}{\partial m_B}=\frac{2.53\times1\,000}{m_A\Delta T_b}=\frac{2.53\times1\,000}{87.0\times0.235}=124$$

$$\frac{\partial M}{\partial m_A}=-\frac{2.53\times1\,000m_B}{\Delta T_b}\cdot\frac{1}{m_A^2}=-\frac{2.53\times1\,000\times1.054}{0.235\times87.0^2}=-1.50$$

$$\frac{\partial M}{\partial \Delta T_b}=-\frac{2.53\times1\,000m_B}{m_A}\cdot\frac{1}{\Delta T_b^2}=-\frac{2.53\times1\,000\times1.054}{87.0\times0.235^2}=-555$$

$$\sigma_M=\sqrt{124^2\times0.001^2+(-1.50)^2\times0.1^2+(-555)^2\times0.006^2}=3$$

$$M=2.53\times\frac{1\,000\times1.054}{87.0\times0.235}=130\ \text{g/mol}$$

因此，萘的摩尔质量应表示为 M=(130 ± 3)g/mol。

5. 测量结果的正确记录和有效数字

由于测量的物理量或多或少都有误差，所以实验中测得的物理量 X 的值应表示为 $\overline{X}\pm\sigma$，即 $\overline{X}$ 有一个不确定范围 σ。因此，在具体记录数据时，一个物理量的数值和数学上的数值有着不同的意义。例如：在数学上，1.35 = 1.350 000 …；而在物理学上，(1.35 ± 0.01) m ≠ (1.350 0 ± 0.010 0)m。

物理量的数值不仅反映了物理量的大小、数据的可靠程度，而且反映了仪器的精度和实验方法的准确度。因此，物理量的数值的每一位有效数字都是有实际意义的。

有效数字的位数指明了测量结果的精确度，它包括测量中可靠的几位数字和最后估计的1位数字。任何一次直接测量的结果，记录到所用仪器刻度的第1位估计数字，所得结果的每位具体数字都称为有效数字。

现将与有效数字有关的一些规则综述如下。

（1）误差（绝对误差和相对误差）一般只有1位有效数字，至多不超过2位。

（2）任何一个物理量的数值，其有效数字的最后1位在位数上都应与误差的最后1位取齐。例如：1.35 ± 0.01 是正确的，1.351 ± 0.01 夸大了结果的精确度，1.3 ± 0.01 降低了结果的精确度。

（3）有效数字的位数越多，数值的精确度越高，相对误差越小。例如：1.35 ± 0.01 有3位有效数字，相对误差为0.7%；而 $1.350\,0 \pm 0.000\,1$ 有5位有效数字，相对误差为0.007%。

（4）为了明确地表明有效数字，常用科学记数法。由于表示小数位置的"0"不是有效数字，例如1 234、0.123 4、0.000 123 4都有4位有效数字，因此当遇到1 234 000时，很难判断后面的3个0是有效数字还是仅表明小数位置。为了避免这种理解困难，常采用科学记数法，即将上列各数分别记成 1.234×10^{3}、1.234×10^{-1}、1.234×10^{-4}、1.234×10^{6}，这样标记就说明它们都有4位有效数字。

（5）若第1位的数值大于或等于8，则有效数字可以多算1位，例如：虽然9.15实际上只有3位有效数字，但在运算时可以看作有4位有效数字。

（6）有效数字运算规则如下。

①在舍弃不必要的数字时，应遵循四舍五入规则。

②在加减运算中，各数值小数点后所取的位数与其中有效数字位数最少者相同。例如：

$$\begin{array}{r} 0.12 \\ 12.232 \\ +)\ 1.568\,3 \end{array} \quad \text{应按四舍五入规则改写为} \quad \begin{array}{r} 0.12 \\ 12.23 \\ +)\ 1.57 \\ \hline 13.92 \end{array}$$

$$\begin{array}{r} 21.21 \\ -)\ 0.223\,4 \end{array} \quad \text{应按四舍五入规则改写为} \quad \begin{array}{r} 21.21 \\ -)\ 0.22 \\ \hline 20.99 \end{array}$$

③在乘除运算中，所得积或商的有效数字位数应以各数值中有效数字位数最少的值为标准。例如：

$$2.3 \times 0.524 = 1.2$$

$$\frac{1.578 \times 0.0182}{81} = 3.55 \times 10^{-4}$$

式中81的有效数字为2位，但因其第1位数字是8，故有效数字可增加1位，则上式的结果可取3位有效数字。

④用对数做运算时，对数尾数的位数与各值的有效数字位数相当或多1位。

四、物理化学实验中的数据表达方法

实验结果的表示方法主要有三种，即列表法、图解法、方程法。现将这三种方法在应用时应注意的事项分别叙述如下。

1. 列表法

列表法指用表格来表示实验结果，即将自变量 x 与因变量 y 一一对应地排列起来，以便从表格中清楚而迅速地看出二者之间的关系。作表格时应注意以下几点。

（1）表格名称：每一表格都应有一个完整而又简明的名称。

（2）行名与量纲：将表格分成若干行和列，每一变量应占表格中的一列。表格每一列的第一行写上该列变量的名称及单位。

（3）有效数字：第一行所记的数据，应注意其有效数字的位数，并将小数点对齐。如果用指数来表示数据中小数点的位置，为简便起见，可将指数放在行名旁，但此时指数的正负号应变号。例如物理化学表达式中常用到的 $1/T$，30.00 ℃时 T=303.15 K，则 $1/T=3.299\times10^{-3}\ K^{-1}$，表格中数据记为 3.299，则该列的行名写成 $10^3\ K/T$，而不是 $10^{-3}\ K/T$。

（4）自变量的选择：自变量的选择有一定的灵活性，通常选择比较简单、可直接测量的物理量作为自变量，例如温度、时间、距离等。自变量最好均匀地、等间隔地变化。

（5）原始数据可与处理的结果共同列在一张表中，处理方法和运算公式应在表下注明。

2. 图解法

1）图解法在物理化学实验中的作用

图解法可更为直观地表示出实验中测得的各数据间的关系，不仅可由图形方便地找出各函数的中间值，而且可显示出最高点、最低点或转折点，还可确定经验方程式中的常数，或利用图形求取其他物理量。下面举例说明图解法的几种重要的作用。

（1）求内插值。根据实验所得的数据，以自变量为横轴，因变量为纵轴，画出表示二者之间定量依赖关系的曲线。利用内插法在曲线所示的自变量和因变量范围内求得对应于任意自变量值的因变量值。例如，在完全互溶二组分液态混合系统气液平衡相图实验中，测得各溶液的折光率，根据表示折光率与溶液浓度的关系的工作曲线，用内插法从曲线上求得各溶液的浓度。

（2）求外推值。有时物理量不能或不易通过实验直接测定，在适当的条件下，可用作图外推的方法获得。该方法将测量数据间的函数关系外推至测量范围以外，但要求测量范围外的函数关系是线性关系，且不能离实际测量的范围太远。例如：由于无限稀释的溶液本身就是一种极限的溶液，强电解质无限稀释溶液的摩尔电导值不能由实验直接测定，只能由直接测量的不同浓度的稀溶液的摩尔电导值外推得到浓度为零时的摩尔电导值，即为所求的极限摩尔电导值。

（3）由切线求函数的微分值。图解法不仅能表示出测量数据间的定量函数关系，而且可以从图上求出各点函数的微分值，而不必先求出反映函数关系的表达式，这种解析方法称为图解微分法。具体做法是：在所得曲线上选定若干点，作出切线，计算出切线的斜率，即得该点函数的微分值。求函数的微分值在物理化学实验的数据处理过程中是很常见的，例如在积分溶解焓的曲线上作切线，利用斜率求出某一指定浓度下的微分稀释焓。

（4）求函数的极值或转折点。在图形上可以直观且准确地观察到函数的最高点、最低点或转折点。因此在物理化学实验的数据处理中，首选图解法求得函数的极值或转折点。例如二元恒沸混合物的组成及恒沸点的测定、二元金属混合物的相变点的确定等过程均用到了图解法。

（5）求可导函数的各种积分值。设图形中的因变量是自变量的可导函数，则在不知道该函数的解析表达式的情况下，亦能利用图形求出定积分值，这种方法称为图解积分法。例如求电量时，只要以电流对时间作图，求出曲线所包围的面积，即得电量的数值。

（6）求测量数据间函数关系的解析式。为找出测量数据间函数关系的解析式，通常从作图入手，即画出表达测量结果之间函数关系的图形，通过变换变量使图形线性化，即得新函数 y 和自变量 x 间的线性关系：$y=mx+b$。算出此直线的斜率 m 和截距 b 后，再换回原来的函数和自变量，即得原函数的解析式。例如，反应速率常数 k 与活化能 E 的关系为指数关系，即 $k=Ze^{-E/RT}$，可先对等号两边取对数得 $\ln k=-E/RT+\ln Z$，使原函数线性化，再以 $\ln k$ 对 $1/T$ 作图得一条直线，最后由直线的斜率和截距分别求出活化能 E 和碰撞频率 Z 的数值，即得原函数的解析式。

2）作图方法

（1）绘图工具。物理化学实验中作图所需的工具较简单，主要有铅笔、直尺、曲线板、曲线尺、圆规等，也可用计算机软件绘图。

（2）坐标纸。物理化学实验中用得最多的坐标纸是直角坐标纸，半对数和对数-对数坐标纸有时也会用到。表达三组分体系相图时，常用三角坐标纸。

（3）坐标轴。用直角坐标纸时，以自变量为横轴，因变量（函数）为纵轴。坐标轴比例尺的选择一般遵循下列原则：①能表示出全部有效数字，使从图上读出的各物理量的精确度与测量时的精确度一致；②方便易读，如用坐标轴上 1 cm 长度表示数量 1、2、5 容易读出，而表示 3、4 就不好读出，表示 6、7、8、9 一般不妥；③充分利用图纸（即不必把坐标轴的原点取为零点），使图形尽量对称地充满所用图纸的空间。例如，若为直线或近于直线的曲线，则应使之与图的对角线邻近。

比例尺选定后，要画出坐标轴，轴旁标明该变量的名称及单位，轴线的一侧每隔一定距离注上变量的值，以便作图及读数。

（4）代表点。代表点是指用测得的数据在坐标纸上描绘的点。代表点应有足够的大小，除了表示所测数据的正确数值，还可以粗略表示测量的误差范围。常用点圆符号表示代表点，同一图上不同组的测量值可各用一种变形的点圆符号（如△、○、⊙、× 等）来表示代表点。

（5）曲线。在图纸上描好代表点后，按代表点的分布情况画出曲线（或直线），表示代表点的变动情况。曲线无须通过全部代表点，只要使各代表点均匀分布在曲线两侧的邻近位置即可。或者更确切地说，要使代表点离曲线距离的平方和最小，这就是所谓的最小二乘法原理。

绘制曲线时，用曲线板或曲线尺画出尽可能接近诸代表点的曲线。曲线应光滑、均匀，细而清晰。

（6）图名及说明。作好曲线后，应在横坐标轴下方标注图名，并注明主要测量条件（如温度、压力等）。

3. 方程法

用方程表示一组数据，不但表达方式简单，记录方便，而且便于求微分、积分或内插值。经验方程既是客观规律的一种近似表达，又是理论探讨的线索和根据。许多经验方程中系数的数值与某一物理量是对应的，因此为了求得某一物理量，将数据归纳总结成经验方程是非常必要的。求方程有两类方法：图解法和计算法。

1）图解法

在 x-y 直角坐标图纸上用实验数据作图，若得一条直线，则可用方程 $y = mx + b$ 表示数据的函数关系，m、b 可用下面两法求出。

（1）截距斜率法：将直线延长至 y 轴，得截距 b，直线与 x 轴的夹角为 θ，则 $m = \tan\theta$。

（2）端值法：在直线两端选两点（x_1, y_1）、（x_2, y_2），将它们代入方程得

$$y_1 = mx_1 + b$$

$$y_2 = mx_2 + b$$

联立这两个方程求解得

$$m = \frac{y_2 - y_1}{x_2 - x_1}, b = y_1 - mx_1 = y_2 - mx_2$$

在许多情况下，直接用原始数据作出的图形并非直线，此时需要对变量加以修饰，使作出的图形为直线。例如：表示液体或固体饱和蒸气压 p 随温度 T 变化的克劳修斯-克拉佩龙（Clausius-Clapeyron）方程（简称克-克方程）的不定积分形式为 $\ln p = -\frac{\Delta H}{R}\cdot\frac{1}{T} + C$，以 $\ln p$ 对 $1/T$ 作图，得一条直线，由直线的斜率 $-\Delta H/R$ 可求得汽化焓或升华焓 ΔH。

对指数方程 $y = be^{mx}$ 或 $y = bx^m$ 取对数，可得到 $\ln y = mx + \ln b$ 或 $\ln y = m\ln x + \ln b$。以 $\ln y$ 对 x 作图或以 $\ln y$ 对 $\ln x$ 作图均可得直线，从而方便地求出 m 和 b 的值。表 7 列出了几种常见方程的直线化处理方式。

表 7　几种常见方程的直线化处理方式

方程	变换	直线化后得到的方程
$y = ae^{bx}$	$Y = \ln y$	$Y = \ln a + bx$
$y = ax^b$	$Y = \ln y, X = \ln x$	$Y = \ln a + bX$
$y = \frac{1}{a+bx}$	$Y = \frac{1}{y}$	$Y = a + bx$
$y = \frac{x}{a+bx}$	$Y = \frac{x}{y}$	$Y = a + bx$

2)计算法

计算法指不用作图而直接将测得的数据代入方程 $y=mx+b$ 进行计算。由于测定值各有偏差,故 m 和 b 值的确定又有两种方法。

(1)平均法:将所得数据分为两组,使各组数据的数目近乎相等,从而得到下列两个方程。

$$\sum_{i=1}^{k} y_i = m\sum_{i=1}^{k} x_i + kb \tag{6}$$

$$\sum_{i=k+1}^{n} y_i = m\sum_{i=k+1}^{n} x_i + (n-k)b \tag{7}$$

联立方程即可得 m 和 b 的值。

(2)最小二乘法:这是较准确的处理方法,其遵循使残差的平方和最小的原则。

残差的定义:

$$\begin{cases} \delta_i = b + mx_i - y_i \\ \Delta = \sum\limits_{i=1}^{n} \delta_i^2 \text{ 最小} \\ \Delta = \sum\limits_{i=1}^{n} (b + mx_i - y_i)^2 \text{ 最小} \end{cases} \tag{8}$$

由函数有极值的必要条件可知,必有 $\frac{\partial \Delta}{\partial m}$ 和 $\frac{\partial \Delta}{\partial b}$ 等于零,从而得到下列两个方程:

$$\begin{cases} \dfrac{\partial \Delta}{\partial m} = 2\sum\limits_{i=1}^{n} x_i (b + mx_i - y_i) = 0 \\ \dfrac{\partial \Delta}{\partial b} = 2\sum\limits_{i=1}^{n} (b + mx_i - y_i) = 0 \end{cases} \tag{9}$$

亦即

$$\begin{cases} b\sum\limits_{i=1}^{n} x_i + m\sum\limits_{i=1}^{n} x_i^2 = \sum\limits_{i=1}^{n} x_i y_i \\ nb + m\sum\limits_{i=1}^{n} x_i = \sum\limits_{i=1}^{n} y_i \end{cases} \tag{10}$$

解之可得

$$m = \frac{n\sum\limits_{i=1}^{n} x_i y_i - \sum\limits_{i=1}^{n} x_i \sum\limits_{i=1}^{n} y_i}{n\sum\limits_{i=1}^{n} x_i^2 - \left(\sum\limits_{i=1}^{n} x_i\right)^2} \tag{11}$$

$$b = \frac{\sum\limits_{i=1}^{n} x_i^2 \sum\limits_{i=1}^{n} y_i - \sum\limits_{i=1}^{n} x_i \sum\limits_{i=1}^{n} x_i y_i}{n\sum\limits_{i=1}^{n} x_i^2 - \left(\sum\limits_{i=1}^{n} x_i\right)^2} \tag{12}$$

例 5 在乙醇饱和蒸气压的测定实验中,得到的数据如下表所示。分别采用列表法、图解法、方程法计算乙醇的汽化焓 ΔH。

序号	t/℃	p/kPa	序号	t/℃	p/kPa
1	30.00	10.48	4	39.00	16.98
2	33.00	12.36	5	42.00	19.83
3	36.00	14.51	6	45.00	23.08

解：(1)列表法。

把各组数据代入克-克方程的定积分形式 $\ln\dfrac{p_2}{p_1}=\dfrac{\Delta H}{R}\left(\dfrac{1}{T_1}-\dfrac{1}{T_2}\right)$，计算出一系列 ΔH 值，如下表所示，取其平均值，表示在实验温度范围内乙醇的平均汽化焓。

$$\overline{\Delta H}=\frac{(41.57+43.18+42.11+41.57+42.12)\times10^3}{5}$$

$$=42.11\times10^3\ \text{J/mol}$$

序号	t/℃	T/K	$1/T\times10^3$	p/kPa	$\ln p$	ΔH/(kJ/mol)
1	30.00	303.15	3.299	10.48	2.349	41.57
2	33.00	306.15	3.266	12.36	2.514	43.18
3	36.00	309.15	3.235	14.51	2.675	42.11
4	39.00	312.15	3.204	16.98	2.832	41.57
5	42.00	315.15	3.173	19.83	2.987	42.12
6	45.00	318.15	3.143	23.08	3.139	

(2)图解法。

根据克-克方程的不定积分形式 $\ln p=-\dfrac{\Delta H}{R}\cdot\dfrac{1}{T}+C$ 知 $\ln p$- $\dfrac{1}{T}$ 为直线，其斜率为 $-\dfrac{\Delta H}{R}$，可求出 ΔH（仍以列表法中的数据为例）。

以 $1/T$ 为横坐标，因 $1/T$ 的数值太小，故采用 $1/T\times10^3$；以 $\ln p$ 为纵坐标，为了使图反映出全部发生变化的有效数字，且使图纸接近正方形，图形尽量靠近图纸中央，坐标原点选(3.12, 2.20)（在不求截距的情况下可以这样做），然后按作图原则作图（图4）。根据数学原理可求得此直线的斜率为-5.098×10^3。

由克-克方程可知斜率为 $-\Delta H/R$，所以

$$\Delta H/8.314=5.098\times10^3$$

$$\Delta H=4.238\times10^4\ \text{J/mol}=42.38\ \text{kJ/mol}$$

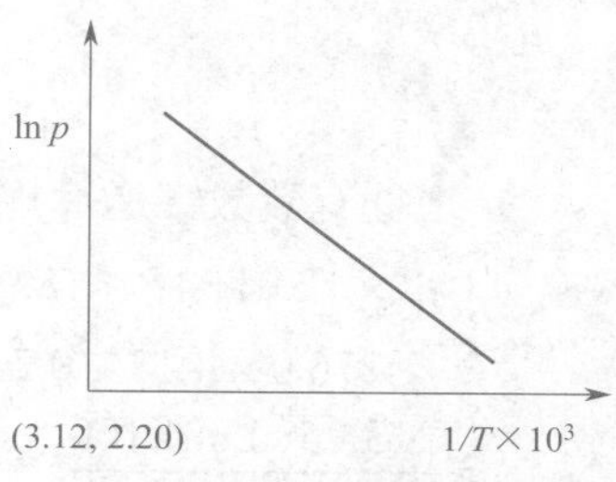

图4 ln p 与 1/T 的关系

(3)方程法。

用最小二乘法求出克-克方程的不定积分形式中的常数。

$$\ln p=-\frac{\Delta H}{R}\cdot\frac{1}{T}+C$$

$$y=mx+b$$

式中：$y=\ln p$；$x=1/T$；$b=C$；$m=-\Delta H/R$。用最小二乘法求出常数 b 和 m，进而由 m 求出 ΔH。

先将 x、y 的数据列表，然后计算 x^2 和 xy 的数据，也列于同一表中，如下所示。

序号	$x_i\times10^3$	y_i	$x_i^2\times10^6$	$x_iy_i\times10^3$
1	3.299	2.349	10.883	7.749
2	3.266	2.514	10.667	8.211
3	3.235	2.675	10.465	8.654
4	3.204	2.832	10.266	9.074
5	3.173	2.987	10.068	9.478
6	3.143	3.139	9.878	9.866
Σ	19.320	16.496	62.227	53.032

将上列各值分别代入式(11)和式(12),求得 m 和 b。

$$m=\frac{n\sum_{i=1}^{n}x_iy_i-\sum_{i=1}^{n}x_i\sum_{i=1}^{n}y_i}{n\sum_{i=1}^{n}x_i^2-\left(\sum_{i=1}^{n}x_i\right)^2}$$

$$=\frac{6\times53.032\times10^{-3}-19.320\times10^{-3}\times16.496}{6\times62.227\times10^{-6}-\left(19.320\times10^{-3}\right)^2}=-5.127\,7\times10^3$$

$$b=\frac{\sum_{i=1}^{n}x_i^2\sum_{i=1}^{n}y_i-\sum_{i=1}^{n}x_i\sum_{i=1}^{n}x_iy_i}{n\sum_{i=1}^{n}x_i^2-\left(\sum_{i=1}^{n}x_i\right)^2}$$

$$=\frac{62.227\times10^{-6}\times16.496-19.320\times10^{-3}\times53.032\times10^{-3}}{6\times62.227\times10^{-6}-\left(19.320\times10^{-3}\right)^2}=19.260\,6$$

故直线方程可写成

$$y=-5.127\,7\times10^3x+19.260\,6$$

即

$$\ln p=-5.127\,7\times10^3\ \frac{1}{T}+19.260\,6$$

已知斜率为 $-\Delta H/R$,所以 $\Delta H=5.127\,7\times10^3\times8.314=4.263\times10^4$ J/mol = 42.63 kJ/mol。

习　题

1. 根据有效数字运算规则,计算下列式子的值。

(1)$2\times12.011\,15+15.999+6\times1.007\,97$

(2)$1.276\,0\times4.17-0.211\,74\times0.101+107\times10^{-2}$

(3)$\dfrac{13.25\times0.001\,100}{9\,740}$

2. 下列数据是用燃烧焓分析测得的碳原子的摩尔质量:

12.008 5	12.010 1	12.010 2
12.009 1	12.010 2	12.010 6
12.009 2	12.009 5	12.010 7
12.009 5	12.009 6	12.010 1

12.000 5	12.009 6	12.010 1
12.000 5	12.010 1	12.011 1
12.010 6	12.010 2	12.011 2

问:(1)最后一个数据 12.011 2 能否舍去?

(2)碳原子摩尔质量的平均值和标准误差分别是多少?

3. 用下式计算氧弹式量热计的热容 $C_{V量}$:

$$C_{V量}=\frac{26\ 480G+3\ 138b+5.983V_{OH^-}}{\Delta t}$$

式中:26 480 和 3 138 分别是苯甲酸和引火丝的燃烧热的绝对值,J/g;5.983 是氧弹内空气中的氮气被点燃生成的硝酸用 0.100 mol/L NaOH 溶液滴定时每消耗 1 mL NaOH 溶液相当的燃烧热的绝对值,J/mL;G 为苯甲酸的质量,g;b 为引火丝的质量,g;V_{OH^-} 为滴定时消耗的 0.100 mol/L NaOH 溶液的体积,mL。

实验所得数据如下:苯甲酸的质量为(1.180 0 ± 0.000 3)g;引火丝的质量为(0.020 0 ± 0.000 3)g;滴定消耗的 0.100 mol/L NaOH 溶液的体积为(1.12 ± 0.01)mL;温度升高值为(3.140 ± 0.005)℃。试计算氧弹式量热计的热容及其标准误差,并讨论引起实验误差的主要原因是什么。

Ⅱ　实验部分

实验一　液体黏度的测定

一、实验目的

（1）掌握使用乌氏黏度计测定液体黏度的原理和方法。
（2）了解温度对液体黏度的影响。

二、实验原理

扫一扫:液体黏度的测定

黏度是指液体对流动所表现出的阻力,这种力反抗液体中相邻部分的相对移动,因此可视为一种摩擦力。通常黏度小的液体比黏度大的液体容易流动,可以说液体的黏度决定了液体的流速。

当液体沿固定的器壁稳定流动时,不同层液体的流速是有差别的:离器壁越远,流速越快;离器壁越近,流速越慢。这是由于流动液层间存在内摩擦力 f,这个力的大小与两液层间的速度差 μ 成正比,与两液层间的接触面积 A 成正比,而与两液层间的距离 S 成反比,即

$$f \propto \frac{A\mu}{S} \tag{1-1}$$

或

$$f = \eta \frac{A\mu}{S} \tag{1-2}$$

式中 η 为比例常数,称为物质的黏度系数或绝对黏度,通常简称黏度。在国际单位制中,黏度的单位为帕斯卡·秒（Pa·s）。

黏度是液体的重要性质之一,其大小主要与液体分子间的吸引力有关。温度对液体黏度有显著的影响,在不同温度下同一液体的黏度不同。

测定液体黏度的方法很多,常用的有毛细管法和落球法。本实验采用毛细管法,使用乌氏黏度计来测定液体黏度。本法以液体流过毛细管的体积、流速和黏度间存在一定的关系为测定基础。可通过泊肃叶（Poiseuille）公式计算液体黏度。

$$\eta = \frac{\pi r^4 \Delta p t}{8lV} \tag{1-3}$$

式中：r 为毛细管的半径；l 为毛细管的长度；V 为在时间 t 内流过毛细管的液体体积；Δp 为管两端的压差或液柱自重产生的压差；t 为一定体积的液体流过毛细管所经历的时间。

当 Δp 为后一种情况时，有

$$\Delta p = \rho hg \tag{1-4}$$

式中：ρ 为液体的密度；g 为重力加速度；h 为液柱高度。

由于很难准确测定毛细管的半径，因此用式（1-3）测定液体的绝对黏度是非常困难的，但在选定温度下测定相对于标准液体（或参考液体，如水）的黏度则相对简单。

设两种液体在同一温度下以相同的体积（V）流过同一个毛细管，根据式（1-3），二者的绝对黏度分别为

$$\eta_1 = \frac{\pi r^4 \Delta p_1 t_1}{8lV} \tag{1-5}$$

$$\eta_2 = \frac{\pi r^4 \Delta p_2 t_2}{8lV} \tag{1-6}$$

对同一个黏度计来说，r、V、l 是固定的，所以式（1-5）与式（1-6）之比为

$$\eta_r = \frac{\eta_1}{\eta_2} = \frac{\Delta p_1 t_1}{\Delta p_2 t_2} \tag{1-7}$$

式中 η_r 为液体 1 对液体 2 的相对黏度。

将式（1-4）代入式（1-7）得

$$\eta_r = \frac{\eta_1}{\eta_2} = \frac{\rho_1 t_1}{\rho_2 t_2} \tag{1-8}$$

如通过实验测出了两种液体靠自身重力流过同一毛细管的时间 t_1 和 t_2，而且已知两种液体的密度和参考液体的绝对黏度，则可求出另一种液体的绝对黏度。此法不适合测定高黏度液体的黏度，这类液体的黏度常用落球法或斜面法测定。

温度对黏度的影响是显著的，黏度随温度升高而减小，因此严格控制恒温槽的温度是本实验的关键。

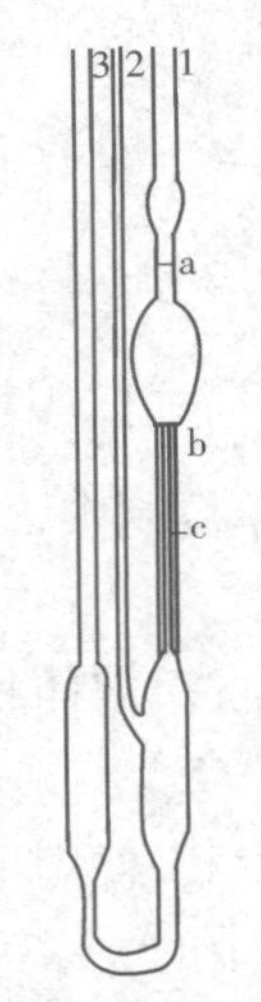

图 1-1　乌式黏度计

1、2、3—管编号；
a、b—刻度线；c—毛细管

三、实验仪器及试剂

乌氏黏度计（简称黏度计）（图 1-1）、数字式玻璃恒温槽（简称恒温槽）、软橡胶管 2 条、铁架台、针管（或洗耳球）、秒表、量筒 2 个、无水乙醇、蒸馏水。

四、实验步骤

（1）将恒温槽的温度调节至（25 ± 0.1）℃或（30 ± 0.1）℃。

（2）将黏度计洗净并用蒸馏水冲洗后，用量筒取 15 mL 蒸馏水由图 1-1 中的管 3 注

扫一扫：数字式玻璃恒温槽

入黏度计，再将黏度计固定在铁架台上，垂直放入恒温槽中，使刻度线 a 没入恒温槽水面下 2~3 cm，恒温 15 min 以上。

（3）恒温后，用夹子夹紧管 2 上的橡胶管，用针管（或洗耳球）从管 1 中吸蒸馏水，直到充满刻度线 a 上部的小球为止，然后使 1、2 两管同时与大气相通，蒸馏水自动流下，用秒表记录液面由 a 到 b 所经历的时间，重复 3 次，取其平均值，要求 3 次测量值两两之间相差不得超过 0.2 s。

（4）取出黏度计，弃去蒸馏水，用少量无水乙醇冲洗黏度计（最少冲洗 3 次），然后取 15 mL 无水乙醇注入黏度计中，依上述方法测定乙醇液面由 a 到 b 所经历的时间，重复 3 次，取其平均值。

（5）调节恒温槽的温度为（30 ± 0.1）℃或（35 ± 0.1）℃，依步骤（2）~（4）测定乙醇和蒸馏水液面由 a 到 b 所经历的时间。

五、实验记录及数据处理

室温：　　　　　　　　　　大气压：

25 ℃（或 35 ℃）时 $\rho_{水}$：　　　　25 ℃（或 35 ℃）时 $\rho_{醇}$：

30 ℃时 $\rho_{水}$：　　　　30 ℃时 $\rho_{醇}$：

序号	25 ℃（或 35 ℃）					30 ℃				
	$t_{水}$	$t_{醇}$	η_r	$\eta_{醇}$	$\eta_{醇平均}$	$t_{水}$	$t_{醇}$	η_r	$\eta_{醇}$	$\eta_{醇平均}$
1										
2										
3										

（1）根据式（1-8）计算不同实验温度下乙醇的相对黏度 η_r。

（2）由附录 14 中的表 1 和表 7 分别查得水在实验温度下的密度和绝对黏度，计算乙醇的绝对黏度。

（3）求实验值的平均误差和标准误差。

六、思考题

（1）本实验中所用液体是否需要准确量取？为什么？

（2）在测定过程中是否可以更换黏度计？为什么？

（3）乌氏黏度计中管 2 的作用是什么？能否将其去掉？为什么？

（4）测量高黏度液体的黏度有哪些方法？

（5）本实验成功的关键性操作是什么？

七、实验拓展与讨论

（1）毛细管黏度计中毛细管的内径应根据所测物质的黏度选择：内径太小，容易堵塞；内径太大，测量误差大。一般选择测水时流过毛细管的时间在 120 s 左右的毛细管。

（2）测量液体黏度的设备简单，操作方便，且有很高的实验精度，是测定高聚物的平均摩尔质量的常用方法之一，测得的摩尔质量称为黏均摩尔质量。具体方法请查阅相关资料。

附录 1　数字式玻璃恒温槽

数字式玻璃恒温槽由玻璃缸体和控温机箱两部分组成，其构造示意如附图 1-1 所示。

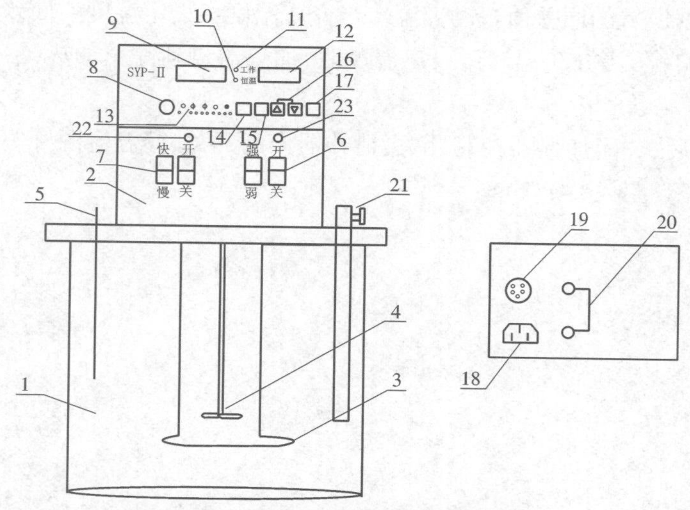

附图 1-1　数字式玻璃恒温槽构造示意

1—玻璃缸体；2—控温机箱；3—加热器；4—搅拌器；5—温度传感器；6—加热器控制开关；7—搅拌器控制开关；8—控温电源开关；9—温度显示窗口；10—恒温指示灯；11—工作指示灯；12—设定温度显示窗口；13—回差指示灯；14—回差键；15—移位键；16—增减键；17—复位键；18—电源插座；19—温度传感器接口；20—保险丝座；21—可升降支架；22—搅拌指示灯；23—加热指示灯

数字式玻璃恒温槽的使用方法如下。

（1）开机。根据实际需要向玻璃缸体内注入适量自来水，将温度传感器的一端插入控温机箱后的温度传感器接口，另一端插入玻璃缸体塑料盖的预置孔内。先将加热器控制开关、搅拌器控制开关置于"关"的位置，再将电源线与控温机箱后的电源插座连接。打开控温电源开关，左边的温度显示窗口显示介质的温度，右边的设定温度显示窗口显示"0.00"，对应数字"0.5"的回差指示灯亮。

（2）回差值的选择。按回差键，回差依次显示"0.5""0.4""0.3""0.2""0.1"，选择所需的回差值即可，此回差即为恒温槽的灵敏度。

（3）控制温度的设置。如将恒温槽的温度设定为 28.0 ℃，操作步骤如下。

①按移位键，设定温度显示窗口的十位数字开始闪烁，再按"△"键，此位将依次显示"0""1""2"等，当显示"2"时停止按动"△"键。

②按移位键，设定温度显示窗口的个位数字开始闪烁，再按"▽"键，此位将依次显示"9""8"等，当显示"8"时停止按动"▽"键。

③按移位键，设定温度显示窗口的最后 1 位"0"开始闪烁，再按移位键，工作指示灯亮。此时的显示值即为设定的温度值 28.0 ℃。

设置完毕后，恒温槽即进入自动升温、控温状态。

（4）打开恒温槽的加热器控制开关和搅拌器控制开关。在通常情况下将搅拌器置于“慢”的位置即可，需要快搅拌时置于“快”的位置。介质温度较低时可将加热器功率置于“强”的位置，但当温度低于设定温度 2~3 ℃时，应将加热器功率置于“弱”的位置，以免过冲。

（5）当系统温度达到设定温度时，工作指示灯灭，恒温指示灯亮。此后不需要进行其他操作，控温系统会根据设置的回差值自动控温。当介质温度≤设定温度 – 回差时，加热器自动开始加热，工作指示灯亮；当介质温度≥设定温度时，加热器自动停止加热，工作指示灯灭，恒温指示灯亮。

（6）实验完毕后，关闭加热器控制开关、搅拌器控制开关、控温电源开关。为安全起见，应拔下电源插头。

实验二　液体饱和蒸气压的测定

一、实验目的

（1）理解饱和蒸气压及相平衡的概念。

（2）测定乙醇在不同温度下的饱和蒸气压。

（3）掌握用克劳修斯-克拉佩龙方程求液体的平均摩尔汽化焓的方法。

（4）了解真空泵的使用方法。

二、实验原理

在一定温度下，纯液体与其气相达到平衡时的压力称为该温度下液体的饱和蒸气压。1 mol 液体蒸发时系统与环境交换的热量即为该温度下液体的摩尔汽化焓。

扫一扫：液体饱和蒸气压的测定

液体的饱和蒸气压与温度的关系可用克拉佩龙方程表示，即

$$\frac{\mathrm{d}p}{\mathrm{d}T}=\frac{\Delta_{\mathrm{vap}}H_{\mathrm{m}}}{T\Delta V_{\mathrm{m}}} \tag{2-1}$$

式中：$\Delta_{\mathrm{vap}}H_{\mathrm{m}}$ 为摩尔汽化焓；ΔV_{m} 为相变时摩尔体积的变化。

若将气体看作理想气体，由于与气体的体积相比液体的体积可以忽略不计，在不大的温度变化区间内，摩尔汽化焓可以近似地看作常数，则由式（2-1）即可得克-克方程：

$$\frac{\mathrm{d}p}{\mathrm{d}T}=\frac{\Delta_{\mathrm{vap}}H_{\mathrm{m}}\cdot p}{RT^2}\ 或\ \frac{\mathrm{d}\ln p}{\mathrm{d}T}=\frac{\Delta_{\mathrm{vap}}H_{\mathrm{m}}}{RT^2} \tag{2-2}$$

不定积分后得

$$\ln p=-\Delta_{\mathrm{vap}}H_{\mathrm{m}}/RT+C$$

或

$$\ln p=-m/T+C \tag{2-3}$$

式中：R 为摩尔气体常数；C 为积分常数。由式（2-3）可知，$\ln p$ 与 $1/T$ 是直线关系，直线的斜率 $m=-\Delta_{\mathrm{vap}}H_{\mathrm{m}}/R$，由此可求出 $\Delta_{\mathrm{vap}}H_{\mathrm{m}}$。若以升华焓代替汽化焓，则式（2-3）对固-气平衡系统也适用。

测定液体饱和蒸气压的方法主要有以下三种。

1. 饱和气流法

在一定的温度和压力下，使干燥的气体缓慢地通过待测液体，被待测液体的蒸气饱和，计算该蒸气的分压，这个分压就是该温度下待测液体的饱和蒸气压。此法一般适用于饱和蒸气压较小的液体。

2. 静态法

把待测液体放在一个封闭系统中，在某一温度下直接测量其饱和蒸气压。此法一般适用于饱和蒸气压较大的液体。

3. 动态法

在不同的环境压力下，测定液体沸腾时与环境压力达到平衡的蒸气压，即为该沸点下液体的饱和蒸气压。

当液体沸腾时，液面下产生气泡，气泡内的蒸气压应与所受到的环境压力达到平衡。环境压力可分为两部分：一部分是液面上的气相压力 p_1；另一部分是液面到气泡中心的液柱压力 p_2（严格地说，还要考虑气-液界面张力所引起的附加压力，但在液体沸腾的情况下，通常可以忽略不计）。

当液层不高时，p_2 对于 p_1 来说可忽略不计，此时的环境压力即液面上的气相压力。

因为在沸腾前没有新相种子存在，液体将会发生过热现象。为了避免因液体过热而测不出真正的沸点，一般在液相中加入一些毛细管或沸石。毛细管内或沸石孔隙中的空气起着新相种子的作用，成为沸腾中心，这样可以降低过热程度，测得较准确的沸点。

本实验使用静态法测定乙醇在不同温度下的饱和蒸气压。

扫一扫：饱和蒸气压实验装置

三、实验仪器及试剂

DP-AF-Ⅱ饱和蒸气压实验装置（图 2-1）、管路接口装置、真空泵、缓冲瓶 2 个（一个与系统相连，另一个与真空泵相连）、平衡管、冷凝管、恒温水浴装置、乙醇（分析纯）、真空油膏。

四、实验步骤

（1）记录实验室的室温和大气压 p_k。

（2）安装仪器（已安装好的仪器请勿随意调节）。

（3）打开仪器开关，接通冷凝水后设定实验温度（第 1 个温度为 30 ℃，以后每间隔 3 ℃进行 1 次测定）。

（4）采零。旋转与系统相连的缓冲瓶进气阀，使系统与大气相通，压力计采零，单位选择 kPa。

（5）开泵、抽气。关闭与系统相连的缓冲瓶进气阀，使系统与大气隔绝。旋动靠近真空泵的缓冲瓶上的三通活塞，使真空泵与大气相通；启动真空泵后，使真空泵与系统相通，与大气隔绝，抽气直到平衡管（图 2-2）c 管中的液体微沸（注意沸腾时间不要太久，1~2 min 即可），将 a、b 管之间的空气赶净即可。旋动靠近真空泵的缓冲瓶上的三通活塞，使真空泵与大气相通，最后关闭真空泵。

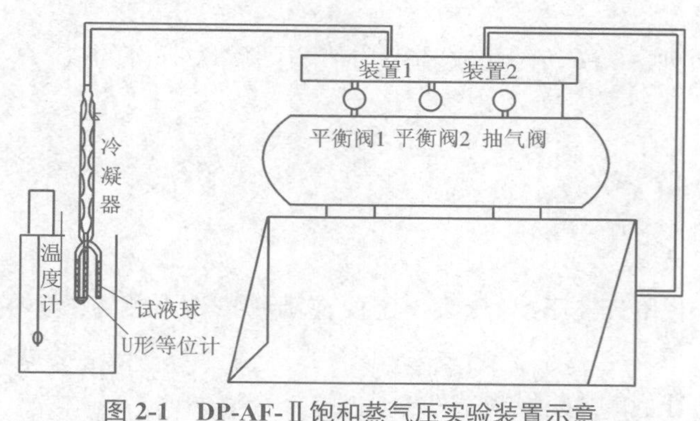

图 2-1　DP-AF-Ⅱ饱和蒸气压实验装置示意

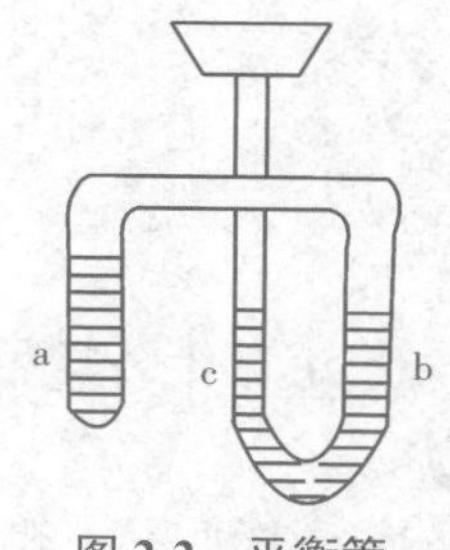

图 2-2　平衡管

（6）检漏。在 2~3 min 内若压力计示数无明显变化，则表示系统满足实验要求，可以进行实验；若变化幅度较大，则说明漏气，应仔细检查各接口，待系统不漏气之后才能进行实验。

（7）测量。当恒温槽的温度达到指定值后，保持恒温 10 min 以上再开始测量。测量时，快速旋转与系统相连的缓冲瓶进气阀，不断调节 b、c 管的液面至处于同一水平面。若调平后 2 min 内 b、c 管的液面位置有变化，则必须继续调平，直到调平后 2 min 内 b、c 管的液面在同一水平面且位置无明显变化，系统才达到平衡，记录此时压力计的读数。

注意：在调平过程中，若漏入太多空气使 c 管的液面低于 b 管的液面，切勿使空气倒灌入 b 管，否则重复步骤（5）。

（8）实验完毕后，快速旋转与系统相连的缓冲瓶进气阀，缓慢放气至压力显示值为 0，关冷凝水，关闭仪器电源。

注意：再次检查真空泵抽气口是否通大气！

五、实验记录及数据处理

室温：　　　　　　　　　　　　　　大气压（p_k）：

t/℃	T/K	$1/T$/(1/K)	$p_{压力计}$/kPa	p/kPa	$\ln p$	$\Delta_{vap}H_m$/(kJ/mol)

注：$p = p_k + p_{压力计}$。

（1）由测得的数据绘出 $\ln p$-$1/T$ 图，并由所得直线的斜率计算乙醇的摩尔汽化焓 $\Delta_{vap}H_m$ 及乙醇的正常沸点。

（2）将测得的不同压力下乙醇的沸点分别代入克-克方程的定积分形式

$\ln\frac{p_2}{p_1}=\frac{\Delta_{vap}H_m}{R}\left(\frac{1}{T_1}-\frac{1}{T_2}\right)$,计算出一系列 $\Delta_{vap}H_m$ 值,并取其平均值与图解法所得的 $\Delta_{vap}H_m$ 相比较。

六、思考题

(1)不论在什么温度下液体都有饱和蒸气压,为什么一定要在沸腾条件下测定液体的饱和蒸气压?

(2)克劳修斯-克拉佩龙方程在应用上有哪些限制条件?

(3)测定前为什么必须将平衡管(图 2-2)a、b 管之间的空气赶净?如果未排净空气,将对实验有何影响?

(4)b、c 管中的液体有何作用?

(5)在实验过程中为什么要防止空气倒灌?为防止空气倒灌,在实验过程中要注意哪些事项?

(6)为了求得系统的内压,还需要测量什么数据?

(7)缓冲瓶在这里起什么作用?

(8)本实验所求得的 $\Delta_{vap}H_m$ 均高于 100 ℃ 时的 $\Delta_{vap}H_m$,为什么温度低时 $\Delta_{vap}H_m$ 反而高呢?

七、注意事项

(1)测定前务必先打开冷凝水再加热。

(2)开泵前先检查真空泵是否与大气相通,确认相通后再开泵;关泵时一定先使真空泵与大气相通再关泵。

(3)抽气赶 a、b 管之间的空气时,不要沸腾太久,以防止平衡管内的液态乙醇完全挥发。

(4)先认真阅读实验步骤中标注的注意事项,然后再进行实验操作。

八、实验拓展与讨论

(1)用本实验装置可以很方便地测定各种液体(如苯、二氯乙烯、四氯化碳、水、正丙醇、异丙醇、丙酮和乙醇等)的饱和蒸气压。这些液体中很多都是易燃的,在实验过程中一定注意防止和减少这些液体的蒸气被抽入真空泵而排放到空气中,加热时也不能用明火。

(2)本实验也可以用降温法测定不同温度下纯液体的饱和蒸气压,具体方法请查阅本教材参考文献[6]或[7]。

附录 2　饱和蒸气压实验装置

本实验使用的饱和蒸气压一体化实验装置是南京桑力电子设备厂专门为高校设计的，它将实验中所需要的恒温水浴装置、低真空压力计和缓冲储气罐合为一体，水浴实时温度、设定温度和压力同时显示。其前面板示意如附图 2-1 所示。

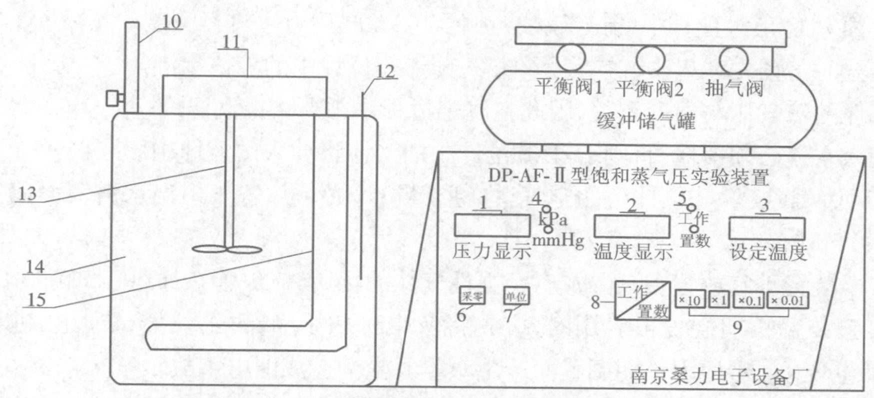

附图 2-1　饱和蒸气压一体化实验装置前面板示意

1—压力显示窗口；2—温度显示窗口；3—设定温度显示窗口；4—显示压力计量单位的指示灯；5—工作/置数指示灯；6—采零键（扣除仪表的零压力值，即零点漂移）；7—单位键（选择压力计量单位）；8—工作/置数键；9—温度设置增减键；10—可升降支架；11—电机盒；12—温度传感器；13—搅拌器；14—玻璃水槽；15—加热器

该装置的使用方法如下。

（1）向玻璃缸体中加入冷却水。

（2）开机。用电源线将仪表后面板的电源插座与 220 V 交流电源连接，用对接线将仪表与电机后面板的三芯插座相连。打开电源开关（ON），预热 15 min 后进入下一步操作。

（3）设定温度为 25 ℃。按工作/置数键至置数指示灯亮。依次按“×10”“×1”“×0.1”“×0.01”键，设置设定温度十位、个位及小数位的数字，每按 1 次，数码显示由 0~9 依次递增，调整到设定温度的数值。设置完毕后再按工作/置数键，转换到工作状态，工作指示灯亮，仪器即进入自动升温、控温状态。

注意：①处于置数状态时，仪器不对加热器进行控制，即不加热；②“×0.01”键只有在温度分辨率为 0.01 ℃时按下才有效；③水槽不能剧冷、剧热，以防止玻璃爆裂。

（4）当系统温度达到设定温度时，由仪器内部元件进行 PID（比例、积分、微分）控制，从而将水浴温度自动准确地控制在所需的温度范围内。

（5）当水浴温度达到 25 ℃时，将真空泵接到抽气阀上，关闭平衡阀 2，打开平衡阀 1。开启真空泵，打开抽气阀，使体系中的空气被抽出（压力计上显示-90 kPa 左右）。当 U 形等位计内的液体沸腾 3~5 min 后，关闭抽气阀和真空泵，缓缓打开平衡阀 2，漏入空气，当 U 形等位计中两臂的液面平齐时关闭平衡阀 2。若 U 形等位计的液柱再变化，再打开平衡阀 2，使液面平齐，待液柱不再变化时，记下温度值和压力值。

若液柱始终变化，则说明空气未被抽干净，应重复步骤（5）。

在测定过程中如不慎使空气倒灌入试液球，则需重新抽真空后方能继续测定。如在升温过程中U形等位计内的液体发生暴沸，可缓缓打开平衡阀2，漏入少量空气，以防止管内液体大量挥发而影响实验进行。

（6）实验结束后，慢慢打开抽气阀，使压力显示值为零。关闭冷却水，拔下电源插头。

实验注意事项如下。

（1）实验系统必须密闭，一定要仔细检漏。

（2）必须等U形等位计中的试液缓缓沸腾3~5 min后方可进行测定。

（3）升温时可预先漏入少许空气，以防止U形等位计中的液体暴沸。

（4）液体的蒸气压与温度有关，因此在测定过程中须严格控制温度。

（5）漏入空气必须缓慢，否则U形等位计中的液体将冲入试液球中。

（6）必须抽净U形等位计中的空气。U形等位计必须放置于恒温水浴液面以下，以保证试液温度的准确性。

（7）实验装置不宜放置在潮湿及有腐蚀性气体的场所，应放置在通风、干燥的地方。

（8）实验装置长期搁置再启用时，应先将灰尘打扫干净，再给仪器试通电，进行试运行。检查有无漏电现象，避免因长期搁置而产生灰尘及受潮造成漏电事故。

（9）为保证使用安全，严禁无水干烧（即无水通电加热）损坏加热器。

（10）为保证系统工作正常，不允许装置使用单位和个人打开机盖进行检修，更不允许调整或更换元件，否则无法保证仪表测控温的准确性。

（11）传感器和仪器必须配套使用，不可串用。如果串用，虽也能工作，但测控温的准确性将有所下降。

实验三　燃烧焓的测定

一、实验目的

（1）了解氧弹式量热计的测量原理、构造和使用方法。

（2）学会使用氧弹式量热计测定萘（或煤）的燃烧焓。

（3）掌握贝克曼温度计的测量原理及使用方法。

二、实验原理

标准摩尔燃烧焓是指在标准状态下 1 mol 物质完全燃烧生成指定产物的焓变。它是热化学中的基本数据。一般化学反应的焓变往往因为反应太慢或反应不完全而不能直接测定或者测不准。但是通过盖斯定律，可用燃烧焓数据间接求算一般化学反应的焓变。因此，燃烧焓广泛地应用在各种热化学计算中。

扫一扫：燃烧焓的测定

由热力学第一定律可知，由于燃烧时物质状态发生变化，系统的热力学能发生相应的改变。若燃烧是在恒容条件下进行的，系统对外不做功，恒容燃烧热等于系统热力学能的改变，即

$$Q_V = \Delta U \tag{3-1}$$

但常用的数据是恒压燃烧热 Q_p，它可由 ΔU 算出。

$$Q_p = \Delta H = \Delta U + \Delta(pV) = \Delta U + p\Delta V \tag{3-2}$$

若反应前后体积的变化为 ΔV，只考虑气态物质的体积变化，且气体可被视为理想气体，则恒压燃烧热为

$$Q_p = \Delta H = Q_V + \Delta nRT \tag{3-3}$$

式中 Δn 为燃烧前后气态物质的物质的量的变化。

燃烧焓的测定通常使用氧弹法，即在绝热的盛水容器中放入密闭的氧弹，弹中放置一定量（G）的样品，借助弹内的金属丝通电点火，使样品在过量的氧气中完全燃烧，燃烧使温度升高。若已知整个系统的热容 $C_{V量}$，且测出燃烧前后的温度 t_1 和 t_2，即可计算出燃烧反应的热效应。

根据盖斯定律，在氧弹中进行的萘的恒容燃烧过程可视为在绝热条件下进行，亦可看作由下图所示的另一途径完成。

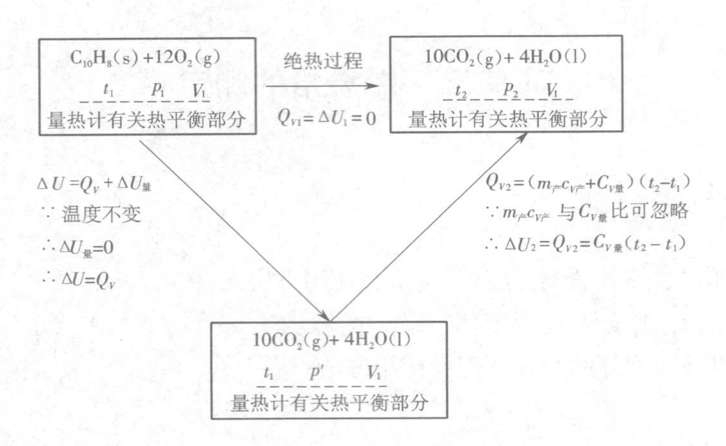

由状态函数法可知

$$\Delta U=\Delta U_1-\Delta U_2=-\Delta U_2$$

即

$$\Delta U=Q_V=-Q_{V2}=-C_{V量}(t_2-t_1) \tag{3-4}$$

为了使被测物质迅速而完全地燃烧,需要强有力的氧化剂。在实验室中经常使用压力为1~2 MPa的氧气作为氧化剂。使用氧弹式量热计(图3-1)进行实验时,把装好样品及引火丝的氧弹放置在装有一定量水的内水桶中,内水桶外是空气隔热层,再外面是温度恒定的外水桶。样品在容积恒定的氧弹中燃烧放出的热、引火丝燃烧放出的热和空气中微量的氮气氧化成硝酸生成的热,大部分被内水桶中的水吸收;其他部分则被氧弹、内水桶、搅拌器和温度计吸收。在量热计与环境没有热交换的情况下,可写出如下的热量平衡式:

$$(q_V G+qb-5.983\,V_{OH^-})+(mc_{水}\Delta t+C_{总}\Delta t)=0 \tag{3-5}$$

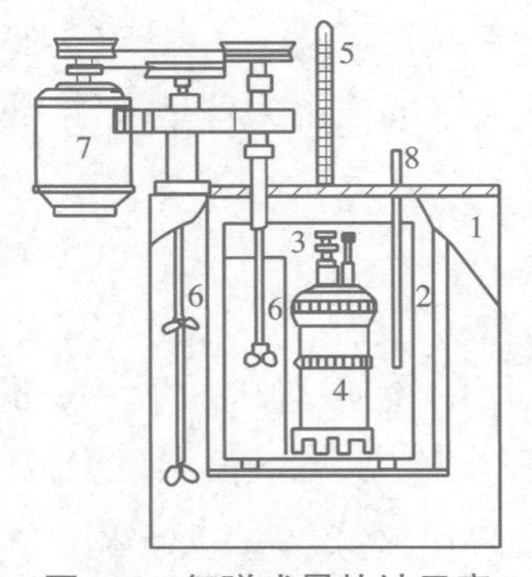

图3-1　氧弹式量热计示意

1—外水桶;2—挡板;3—内水桶;4—氧弹;5—普通温度计;6—搅拌器;7—电动机;8—贝克曼温度计

式中:q_V为被测物质的恒容燃烧热,J/g;G为被测物质的质量,g;q为引火丝的燃烧热,J/g;b为燃烧掉的引火丝的质量,g;V_{OH^-}为滴定生成的硝酸所耗用的0.100 mol/L NaOH溶液的体积,mL;m为内水桶中水的质量,g;$c_{水}$为水的比热,J/(g·K);$C_{总}$为氧弹、内水桶、搅拌器和温度计等的总热容J/K;Δt为与环境无热交换时的温差,K。

如在实验时保持内水桶中的水量一定,则可把式(3-5)左端的常数合并得

$$(q_V G+qb-5.983\,V_{OH^-})+C_{V量}\Delta t=0 \tag{3-6}$$

式中$C_{V量}=mc_{水}+C_{总}$,称为量热计热容,J/K。

量热计热容在数值上等于量热体系温度每升高1 ℃所需的热量。

为了使燃烧后放出的热量不散失,在量热计的内水桶外有空气隔热层,最外面有恒温外水桶,以尽量减少系统与环境间的热交换,但热漏还是无法完全避免。因此,燃烧前后温度变化的测量值必须采取经验公式(弃特公式)或用雷诺作图法校正。本实验采用雷诺作图法对Δt

加以校正,校正方法如下。

以实验中所记录的贝克曼温度计读数 t 对时间间隔数 τ 作图,得到如图 3-2 所示的曲线。图中 FH 为点火前的温度变化连线, DG 为燃烧完的温度变化连线, HD 为点火后燃烧过程中的温度变化连线。H 点意味着开始燃烧,热传入介质;D 点为观察到最高温度值的时间点。由环境温度 J 点作水平线交曲线于 I 点,过 I 点作垂线 ab,再将 FH 线和 DG 线的切线延长与 ab 线交于 A、C 两点。A 点与 C 点所表示的温度之差即为温度的升高值 Δt。图中 $A'A$ 为开始燃烧到温度上升至环境温度这一段时间内,由环境辐射和搅拌引进的能量造成的温度的升高,必须扣除。$C'C$ 为从环境温度升高到最高点 D 这一段时间内,量热计热漏造成的温度的降低,计算时必须考虑在内。由此可见,A、C 两点的温度差值较客观地表示了样品燃烧促使温度升高的数值。有时量热计的绝热情况良好,热漏小,而搅拌器功率大,会不断引进微小的能量,使得燃烧后的温度最高点不出现,如图 3-2(b)所示,其校正方法同前述。

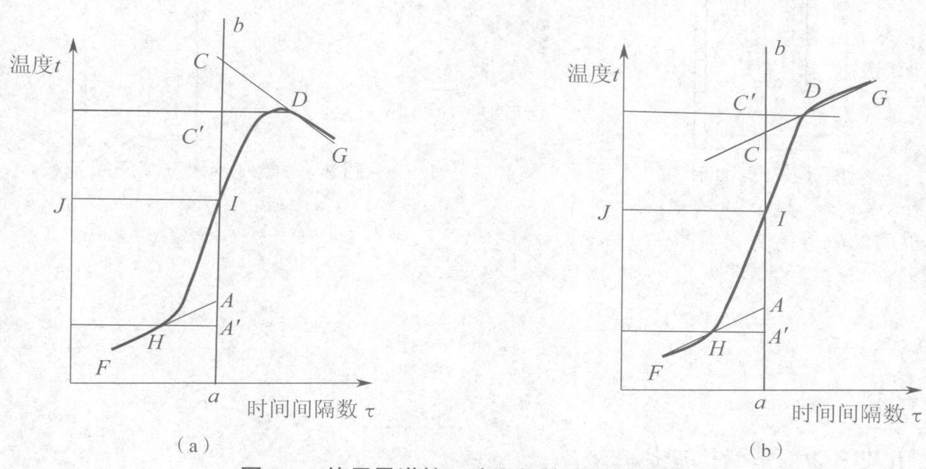

图 3-2　使用雷诺校正法进行校正的不同情况

(a)一般情况　(b)不出现温度最高点的情况

由式(3-6)可知,欲测定样品的 q_V,必须先测出量热计热容 $C_{V量}$。其测定方法是以一定量的已知燃烧热的标准物质(常采用苯甲酸,其 $q_V = -26\ 480$ J/g)在相同的条件下进行实验,利用式(3-6)计算出待测样品的 $C_{V量}$。

三、实验仪器及试剂

氧弹式量热计(图 3-1、图 3-3)、氧气钢瓶(带减压阀,见图 3-4,公用)、充氧控制仪(公用)、数字式燃烧热实验仪、压片机(公用)、分析天平(公用)、万用电表(公用)、10 mL 移液管、滴定管、2 000 mL 及 1 000 mL 容量瓶、250 mL 锥形瓶 2 个、苯甲酸、萘(或煤粉)、0.1 mol/L NaOH 溶液、酚酞指示剂。

扫一扫:氧弹式量热计

扫一扫:压片机

扫一扫:燃烧热实验仪

扫一扫:充氧控制仪

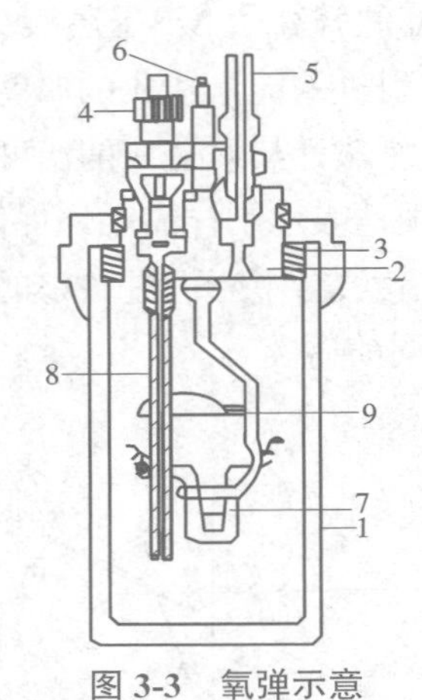

图 3-3　氧弹示意

1—弹体圆筒;2—弹盖;3—压紧盖;4—进气口;
5—排气孔;6—电极;7—燃烧器;8—进气管;
9—火焰遮板

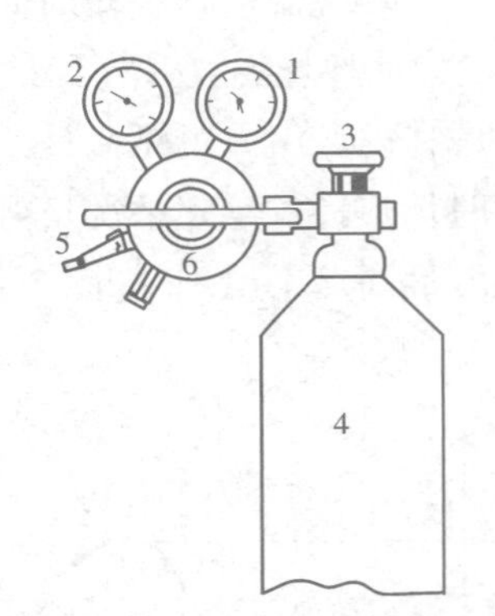

图 3-4　氧气钢瓶及减压阀示意

1—总压表;2—减压表;3—总阀;
4—氧气瓶;5—导管;6—减压阀

四、实验步骤

(一)用苯甲酸标定量热计热容 $C_{V量}$

1. 样品压片

(1)截取 12 cm 长的引火丝,用分析天平称重(精确至 0.000 2 g)。用台秤称取 0.5~ 0.6 g 苯甲酸,倒入模具套筒内,在干净的压片机上压片。样品片取出后,用分析天平称重。

(2)将称好重量的样品片放入燃烧皿内。将引火丝中间弯曲,两端缠在两个电极上,中间弯曲部分与样品片接触(切不可让引火丝接触到燃烧皿和弹壁)。在弹杯内装入 10 mL 蒸馏水,旋紧氧弹盖,关紧排气孔。

2. 充氧气

(1)旋紧氧弹盖后用万用电表检查进气口 4 和电极 6 是否为通路。

(2)打开氧气钢瓶(图 3-4)总阀,然后顺时针旋紧减压阀上的调压阀(即将阀门打开),使减压表指针停在 1.5 MPa 处;将氧弹的排气孔对准充氧控制仪的出气口;将充氧控制仪的手柄压下,1~2 min 后抬起手柄。从充氧控制仪上取下氧弹,检查氧弹是否漏气。

3. 燃烧和测量温度

(1)先向量热计的内水桶中加入 2 000 mL 蒸馏水,然后将氧弹置于内水桶中,再小心加入

1 000 mL 蒸馏水（**注意**：①水不可溅出；②水不可溅入氧弹的进气孔和排气孔）。

（2）关闭量热计的盖子，打开燃烧热实验仪（简称实验仪）的电源开关，检查点火指示灯是否亮起；打开搅拌开关，开始搅拌。

（3）待实验仪的温度显示数据稳定后，记录温度，此温度即为外水桶中水的温度。然后将贝克曼温度计的温度感应器从外水桶中取出，放入内水桶中合适的位置，感应器末端应处于氧弹高度的 1/2 处，切勿触及弹壁和内水桶。

（4）待实验仪的温度显示数据再次稳定后，按压实验仪的定时按键“△”或“▽”，使“定时显示（秒）”的示值为 30。以后每 30 s 蜂鸣器就会鸣响，立刻记录鸣响时实验仪温差显示屏上的温差数值。

为了便于处理实验结果，测量的全过程可分为如下三个阶段。

初期，即样品燃烧前的阶段。每 30 s 读取温差 1 次，共读 10 次。其目的是观测周围环境与量热计在实验开始时的热交换情况，以便在使用雷诺作图法求 Δt 时作出 FH 线。读完第 10 次后，立即按下实验仪上的点火按键。点火指示灯会先亮再灭，表示引火丝烧断，点火成功。

主期，即样品燃烧阶段。点火后系统温度升高，继续每 30 s 记录 1 次温差，直到温度不再上升而开始下降的第 1 个温差为止（或温度均匀微量上升为止，在绝热良好的情况下，搅拌带进的能量会导致系统温度均匀微量上升）。

末期，即实验终了阶段。这一阶段的目的是得到实验终了时系统与环境的热交换情况，以便在雷诺作图中作出 DG 线。在主期最后 1 次读数后，每 30 s 读 1 次温差，共读 10 次。

（5）停止实验后，关闭搅拌器，取下实验仪的温度感应器，打开量热计盖，取出氧弹，擦干后打开排气阀缓缓放气。放完余气后拧开氧弹盖，检查样品燃烧结果，若弹内有炭黑或未燃烧的残渣，则认为实验失败；若燃烧完全，则将燃烧后剩下的引火丝（燃烧所生成的氧化镍不要称重）在分析天平上称重。把弹内的 10 mL 水倒入 250 mL 锥形瓶中，用少量蒸馏水洗涤氧弹内壁和燃烧皿等，将洗涤液收集在同一个锥形瓶中，微沸 5 min，冷却后加酚酞指示剂 2 滴，用 0.1 mol/L NaOH 溶液滴定至呈粉红色，得到耗用的碱量 V_{OH^-}（若所用 NaOH 溶液不是恰为 0.1 mol/L，则需换算为 0.1 mol/L 时的碱用量）。

（6）倒去内水桶中的水，擦干内水桶及搅拌器等。将氧弹擦干净，放在室内，待内水桶、搅拌器、氧弹等的温度与室温平衡后再进行下一步实验。

（二）测定萘（或煤）的燃烧焓

实验按步骤（一）的操作进行。只是萘的最优用量需控制在 0.4~0.5 g，切不可超过 0.6 g，否则易燃烧不完全，导致实验失败。

五、实验记录及数据处理

（1）应用苯甲酸热容测定实验所记录的初期、主期、末期数据作雷诺校正图，以求 Δt 值。

室温：　　　　　　　　　　　　　　　　　　大气压：

苯甲酸燃烧热/(J/g)	引火丝燃烧热/(J/g)	外水桶水温/℃	NaOH 溶液用量 V_{OH^-}/mL	折合 0.1 mol/L NaOH 溶液的用量 V_{OH^-}/mL	苯甲酸用量/g	引火丝燃烧掉的量/g
−26 480	−3 138					
内水桶中水温变化/℃	初期					
	主期					
	末期					

(2)根据 $C_{V量}=-(q_VG+qb-5.983\,V_{OH^-})/\Delta t$，求出量热计热容 $C_{V量}$。

(3)应用萘(或煤)燃烧焓测定实验所记录的数据作雷诺图，以求 Δt 值。

引火丝燃烧热/(J/g)	外水桶水温/℃	萘(或煤)用量/g	引火丝燃烧掉的量/g	NaOH 溶液用量 V_{OH^-}/mL	折合 0.1 mol/L NaOH 溶液的用量 V_{OH^-}/mL	热容 $C_{V量}$/(J/K)
− 3 138						
内水桶中水温变化/℃	初期					
	主期					
	末期					

(4)根据 $q_V=(-C_{V量}\Delta t-qb+5.983\,V_{OH^-})/G$，求出萘(或煤)的恒容燃烧热(J/g)。

(5)根据 $\Delta_cH_m=q_VM+\sum_B v_B(g)RT$（式中 M 为待测物质的摩尔质量，$v_B(g)$ 为燃烧反应中气态物质的化学计量数），求出萘(或煤)的摩尔燃烧焓(J/mol)。

六、思考题

(1)本实验是如何选择系统和环境的？对系统与环境之间的热交换如何校正？

(2)计算萘(或煤)的燃烧焓时，没有用到 3 000 mL 水的数据，为什么在实验中要求量准呢？

(3)为什么实验中样品的用量要控制在一定范围内？过多或过少会出现什么问题？

七、实验拓展与讨论

氧弹式量热计也可以用来测定液体的燃烧焓，方法是：用胶头滴管吸取待测液体样品注入胶囊中，准确称量后放入燃烧皿中，其余步骤同上。注意计算时需要扣除胶囊的燃烧焓。试测定乙醇或玉米油的燃烧焓。

附录 3　燃烧热实验仪

本实验所用燃烧热实验仪是南京桑力电子设备厂设计生产的教学用实验装置，实验仪前面板示意如附图 3-1 所示。

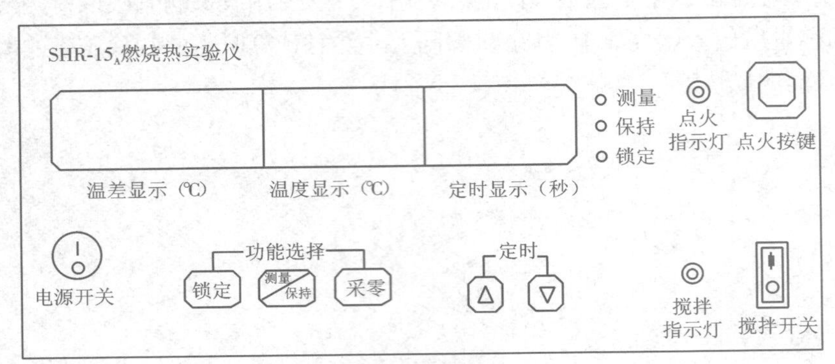

附图 3-1　实验仪前面板示意

实验仪的使用方法如下。

1. 测量水当量 *K*

1）压片

先用天平称 0.5~0.6 g 的苯甲酸，在压片机中压成片状。需要注意的是，不能压太紧，否则点火后不能充分燃烧。压成片状后，再在天平上准确称重。

2）装样

旋开氧弹，把氧弹的弹头放在弹头架上，将苯甲酸样品放入燃烧皿内，把燃烧皿放在燃烧架上。取一根引火丝并测量其长度，然后将引火丝两端分别固定在弹头的两个电极上，中部贴紧样品，但引火丝与燃烧皿壁不能相碰。向弹杯中注入 10 mL 蒸馏水，把弹头放入弹杯中，用手拧紧。

3）充氧

使用高压钢瓶时必须严格遵守操作规程。开始时先充入少量氧气（约 0.5 MPa），然后将氧弹中的氧气放掉，借以赶出弹中的空气。再向氧弹中充入约 2 MPa 的氧气。

4）调节水温

向量热计外水桶中注满水，用手动搅拌器稍加搅动。按使用说明书将量热计与实验仪连接起来，打开 $SHR-15_A$ 燃烧热实验仪的电源（不要开启搅拌开关），将传感器插入外水桶加水口测其温度，待温度稳定后记录其温度值。再用内水桶取适量自来水，测其温度，加冰调节水温使其低于外水桶水温 1 ℃左右。用容量瓶精确量取 3 000 mL 已调好的自来水注入内水桶中，再将氧弹放入，水面刚好没过氧弹。如氧弹有气泡逸出，说明氧弹漏气，则寻找原因并进行处理。将内水桶上的电极线插头插入氧弹头电极插孔，盖上盖子（**注意：**搅拌器不要与弹头相碰）。将筒盖上的插销插到上盖上，此时点火指示灯亮，同时将传感器插入内水桶水中。如果点火指示灯不亮，表示电极回路没接好，则检查原因并重新接线。

5)点火

开启实验仪上的搅拌开关，进行搅拌。将传感器插入内水桶中，待水温基本稳定后，将温差采零并锁定，此时锁定指示灯亮，按采零键无效，直至再次按锁定键至锁定指示灯灭，方可再次采零。然后将传感器取出，放入外水桶水中，待温度稳定后记录温差值，再将传感器放入内水桶中。待温度稳定后，根据需要设置定时时间。

当定时值到 0 时，蜂鸣器鸣响，保持指示灯亮，此时显示数值保持不变，记录 1 次温差值（精确至 ± 0.002 ℃），直至连续 10 次水温发生有规律的微小变化。按下点火按键，此时点火指示灯灭，停顿一会儿点火指示灯又亮，直到引火丝烧断，点火指示灯灭。氧弹内的样品一经燃烧，水温很快上升，说明点火成功。连续记录温差值，直至 2 次读数差值小于 0.005 ℃，再连续记录温差值（精确至 ± 0.002 ℃），记录约 10 个点，实验结束。

在测量过程中，若想记录瞬间测量值，可按测量/保持键至保持指示灯亮，此时显示数值保持不变，记录数据，再次按测量/保持键，保持指示灯灭，数据恢复正常显示。

注意：若水温没有上升，说明点火失败，应关闭电源，取出氧弹，放出氧气，仔细检查引火丝及连接线，找出原因并排除故障。

6)校验

将传感器放入外水桶中。取出氧弹，放出氧弹内的余气。旋下氧弹盖，测量燃烧后残丝的长度并检查样品燃烧情况。样品没完全燃烧，说明实验失败，须重做；反之，则说明实验成功。

2. 测量待测物

称取 0.4~0.5 g 萘，同法进行上述实验操作。实验结束后，关闭所有电源，清理氧弹和内、外水桶。

3. 注意事项

（1）应使用干燥的样品，受潮的样品不易燃烧且称量有误。

（2）注意压片的紧实程度，太紧不易燃烧，太松容易裂碎。

（3）引火丝应紧贴样品，点火后样品才能充分燃烧。

（4）点火后温度急速上升，说明点火成功。若温度不变或有微小变化，说明点火没有成功或样品没充分燃烧，应找出原因并排除故障。

（5）实验仪采零或正式测量后必须锁定。

附录 4　气体钢瓶的减压阀

在物理化学实验中，经常要用到氧气、氮气、氢气和氦气等气体。这些气体一般储存在专用的高压气体钢瓶中，使用时通过减压阀使气体压力降至实验所需压力范围，再经过其他控制阀门细调，最后输入工作系统。

最常用的减压阀为氧气减压阀，简称氧压表。因为使用要求不同，氧气减压阀有多种规格，安装减压阀时应确定其连接规格是否与钢瓶和工作系统的接头一致。减压阀与钢瓶采用半球面连接，靠旋紧螺母使其完全吻合。因此，在使用时应保持两个半球面的光洁，以确保良好的气密效果。安装前可用高压气体吹除灰尘，必要时也可用聚四氟乙烯等材料做垫圈。

减压阀的操作要领如下。

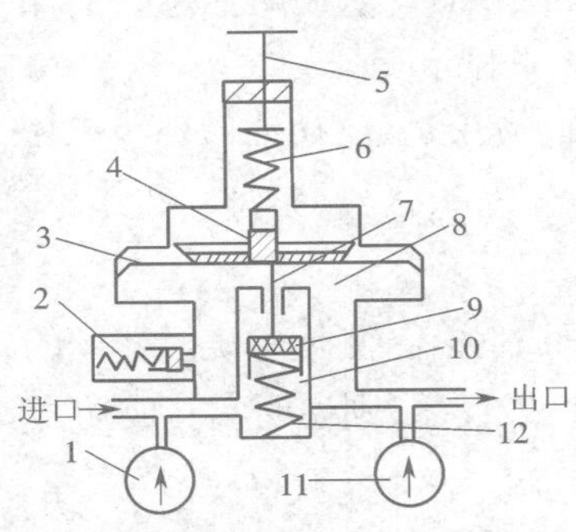

附图 4-1　氧气减压阀示意

1—高压表；2—安全阀；3—传动薄膜；4—弹簧垫块；5—调节螺杆；6、12—压缩弹簧；7—顶杆；8—低压气室；9—活门；10—高压气室；11—低压表

减压阀的高压部分与钢瓶连接，为气体进口；低压部分为气体出口，通往工作系统。如附图 4-1 所示，高压表 1 所示为钢瓶内储存的气体的压力，低压表 11 的出口压力可由调节螺杆 5 控制。

使用时先打开钢瓶阀门，其压力由高压表 1 指示。然后顺时针转动调节螺杆 5，使其压缩压缩弹簧 6、传动薄膜 3、弹簧垫块 4 和顶杆 7，打开活门 9。这样进口的高压气体由高压气室经活门节流减压后进入低压气室，经出口通往工作系统。通过转动调节螺杆 5 改变活门开启的高度，可以调节高压气体的通过量，从而控制进入工作系统的气体的压力。

减压阀都装有安全阀，它既是保护减压阀安全使用的装置，也是减压阀出现故障时的信号装置。如果由于活门垫等损坏或其他原因导致出口压力自行上升并超过一定的许可值，安全阀 2 会自动打开排气。

减压阀只能用于规定的气体，切勿混用。安装减压阀时，首先需要检查连接螺纹是否符合。有的专用减压阀采用特殊连接口，如氢气和丙烷的减压阀用左牙纹，也称反向螺纹；乙炔的减压阀进口用轧兰，出口用左牙纹。

打开钢瓶总阀之前，应检查减压阀是否关好（即调节螺杆 5 松开），否则高压的冲击会使减压阀失灵。打开钢瓶总阀后，再慢慢打开减压阀，直到低压表 11 指示到所需压力为止。停止用气时先关钢瓶总阀，待高压表示值下降到零再关减压阀，使低压表示值亦下降到零。

实验四　偏摩尔体积的测定

一、实验目的

(1)掌握偏摩尔量的概念。

(2)学习在恒温下测定溶液密度的方法。

(3)掌握用比重法测定二元溶液偏摩尔体积的方法。

二、实验原理

在恒温恒压下,由于组分 A、B 的微小变化引起二组分溶液的某一广度性质的变化,如体积 V 的变化可表示为

$$\mathrm{d}V=\left(\frac{\partial V}{\partial n_{\mathrm{A}}}\right)_{T,p,n_{\mathrm{B}}}\mathrm{d}n_{\mathrm{A}}+\left(\frac{\partial V}{\partial n_{\mathrm{B}}}\right)_{T,p,n_{\mathrm{A}}}\mathrm{d}n_{\mathrm{B}} \tag{4-1}$$

令

$$V_{\mathrm{A}}=\left(\frac{\partial V}{\partial n_{\mathrm{A}}}\right)_{T,p,n_{\mathrm{B}}},\quad V_{\mathrm{B}}=\left(\frac{\partial V}{\partial n_{\mathrm{B}}}\right)_{T,p,n_{\mathrm{A}}} \tag{4-2}$$

则式(4-1)可表示为

$$\mathrm{d}V=V_{\mathrm{A}}\mathrm{d}n_{\mathrm{A}}+V_{\mathrm{B}}\mathrm{d}n_{\mathrm{B}} \tag{4-3}$$

式中 V_{A} 与 V_{B} 分别为组分 A 和 B 的偏摩尔体积。

在 T、p 恒定的条件下,对式(4-3)两边积分可得

$$V=V_{\mathrm{A}}n_{\mathrm{A}}+V_{\mathrm{B}}n_{\mathrm{B}} \tag{4-4}$$

其中,V_{A} 与 V_{B} 不是相互独立的,V_{A} 的变化将引起 V_{B} 的变化,反之亦然,因而难以用式(4-4)直接求取 V_{A} 和 V_{B}。

式(4-4)可以写成 $V=V_{\mathrm{m,A}}n_{\mathrm{A}}+Qn_{\mathrm{B}}$,其中 $V_{\mathrm{m,A}}$ 为组分 A 的摩尔体积,Q 为组分 B 的表观摩尔体积。

$$Q=\frac{V-n_{\mathrm{A}}V_{\mathrm{m,A}}}{n_{\mathrm{B}}}$$

经推导可以得到如下四个关系式:

$$Q=\frac{1\,000}{b\rho\rho_{\mathrm{A}}}(\rho_{\mathrm{A}}-\rho)+\frac{M_{\mathrm{B}}}{\rho} \tag{4-5}$$

$$Q=Q_0+\sqrt{b}\,\frac{\partial Q}{\partial\sqrt{b}} \tag{4-6}$$

$$V_{\mathrm{A}}=V_{\mathrm{m,A}}-\frac{b^2}{55.51}\left(\frac{1}{2\sqrt{b}}\frac{\partial Q}{\partial\sqrt{b}}\right) \tag{4-7}$$

$$V_B = Q_0 + \frac{3}{2}\sqrt{b}\left(\frac{\partial Q}{\partial \sqrt{b}}\right)_{T,p,n_A} \qquad (4\text{-}8)$$

式中：ρ 为溶液的密度；ρ_A 为组分 A 的密度；b 为溶液的质量摩尔浓度；M_B 为组分 B 的摩尔质量。

在恒定的温度和压力下，通过称量组分 A 和组分 B 的质量，可以计算出相应溶液的质量摩尔浓度 b；通过称量溶液的质量，可以得到溶液的密度 ρ；组分 A 的密度 ρ_A 可以查附录 14 表 1 得到。通过式（4-5）计算相应的 Q 值。

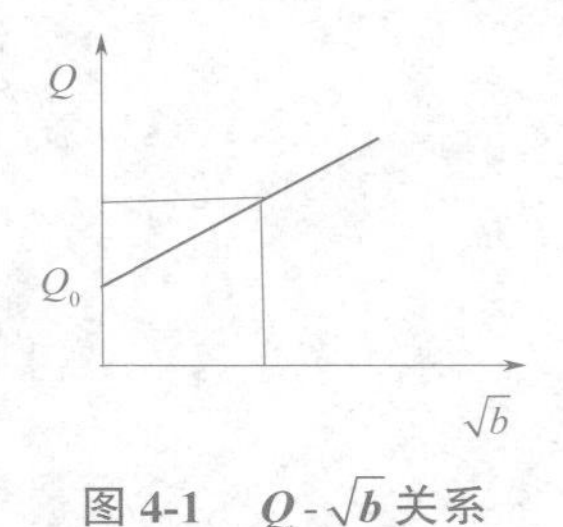

图 4-1　Q-$\sqrt{b}$ 关系

根据式（4-6），若以 Q 对 $\sqrt{b}$ 作图，则得到一条直线（图 4-1）。从图中可以得到 Q_0 和斜率 $\frac{\partial Q}{\partial \sqrt{b}}$，知道 Q_0 和 $\frac{\partial Q}{\partial \sqrt{b}}$ 后，根据需要取不同的 b 值，通过式（4-7）和式（4-8）可以得到组分 A 和组分 B 在该浓度下的偏摩尔体积 V_A 和 V_B。

三、实验仪器及试剂

恒温水浴装置、分析天平、吹风机、比重瓶（50 mL）5 个、磨口锥形瓶（150 mL）5 个、量筒（100 mL）、滴管、NaCl 固体、蒸馏水。

四、实验步骤

1. 用减重法配制 NaCl 水溶液

先称量锥形瓶，加入适量的 NaCl 后再次称重，用量筒加入适量的蒸馏水后第 3 次称重。用减重法分别求出 NaCl 和水的质量。用此方法分别配制质量摩尔浓度约为 3 mol/kg、2 mol/kg、1 mol/kg、0.7 mol/kg 和 0.5 mol/kg 的 NaCl 溶液各约 100 mL，准确求出它们的质量摩尔浓度 m（mol/kg）。

2. 使用比重瓶测溶液的密度

（1）取洗净并干燥后的比重瓶，带温度计和侧孔罩称重，记录读数。

（2）取下温度计和侧孔罩，用蒸馏水充满比重瓶（不得带入气泡），插入温度计，用夹子将比重瓶置于 30 ℃（应比室温至少高 5 ℃）的恒温水浴中恒温至少 20 min，盖好侧孔罩，取出比重瓶，用滤纸擦干外壁上的水，立即称重并记录读数。

（3）将比重瓶中的水倒出，洗净并干燥后充满 NaCl 水溶液，按照步骤（2）的做法称重并记录读数。

用上述方法测定每一种 NaCl 溶液的密度。

（4）测定结束后，关闭恒温水浴装置，洗净并干燥比重瓶。

五、实验记录及数据处理

室温：　　　　　　　　　　大气压：　　　　　　　　　　实验温度：

实验温度下蒸馏水的密度 ρ_A/(g/L)：

序号	m_{H_2O}/g	m_{NaCl}/g	b/(mol/kg)	$\sqrt{b}$	m_0/g	m_1/g	m_2/g	ρ/(g/L)	Q/(L/mol)
1									
2									
3									
4									
5									

注：$b=\dfrac{1\,000m_{NaCl}}{M_{NaCl}m_{H_2O}}$；$m_0$、$m_1$、$m_2$ 分别为空比重瓶、装满蒸馏水的比重瓶、装满溶液的比重瓶的质量；$\rho=\dfrac{m_2-m_0}{m_1-m_0}\rho_A$。

(1)将实验数据填入表中并计算每一种溶液的 b、$\sqrt{b}$、ρ 和 Q。

(2)作 Q-$\sqrt{b}$ 图，由图求取 Q_0 和 $\dfrac{\partial Q}{\partial \sqrt{b}}$ 的值。

(3)计算实验温度和大气压力下，b = 0.500 0 mol/kg 和 b = 1.000 0 mol/kg 时，水和 NaCl 的偏摩尔体积。

六、思考题

(1)偏摩尔体积的物理意义是什么？为什么偏摩尔体积与纯组分的摩尔体积不同？

(2)用比重法测定液体密度时应注意哪些问题？

(3)本实验中溶液浓度的变化对 NaCl 的偏摩尔体积有何影响？

七、实验拓展与讨论

(1)颗粒状固体的密度也可以使用比重瓶来测量，方法如下：①将比重瓶洗净并干燥，称量空瓶重 m_0；②注入密度为 ρ_1 的液体(**注意**：该液体不溶解待测固体颗粒，但能够浸润它)，恒温后用滤纸吸去溢出的液体，擦干外壁，称重 m_1；③倒去液体，将比重瓶洗净并干燥后，装入一定量的研细的待测固体，称重 m_2；④接着向瓶中注入密度为 ρ_1 的液体，在真空干燥器中用真空泵抽去吸附在固体表面的空气，然后给瓶中注满液体，同步骤②称重 m_3；⑤根据公式 $\rho_2=(m_2-m_0)\rho_1/[(m_1-m_0)-(m_3-m_2)]$ 计算出待测固体的密度 ρ_2。

(2)用比重法测定乙醇的摩尔分数分别为 0.3、0.6、0.9 的水溶液中乙醇与水的偏摩尔体积，讨论影响乙醇的偏摩尔体积的因素有哪些。

实验五　凝固点降低法测定物质的摩尔质量

一、实验目的

（1）掌握凝固点降低法测定物质摩尔质量的原理，加深对稀溶液依数性的理解。

（2）掌握测定溶液凝固点的方法。

二、实验原理

凝固点降低是稀溶液依数性的一种表现。当溶液浓度很低（即溶液为稀溶液）时，如果溶质与溶剂不生成固溶体，则溶液的凝固点降低值 ΔT_f 与溶质的质量摩尔浓度 b_B（mol/kg）成正比，即

$$\Delta T_f = K_f\, b_B \tag{5-1}$$

由于在稀溶液中可近似地认为溶质的质量摩尔浓度在数值上等于溶质的物质的量浓度，即 $b_B = m_B/M_B m_A$，代入式（5-1）得

$$\Delta T_f = K_f\, m_B/M_B m_A \tag{5-2}$$

于是有

$$M_B = K_f m_B/\Delta T_f\, m_A \tag{5-3}$$

式中：m_A、m_B 分别为溶剂、溶质的质量，kg；K_f 为溶剂的凝固点降低常数，K · kg/mol；M_B 为溶质的摩尔质量，kg/mol。

若已知 K_f，测得 ΔT_f，便可用式（5-3）求得 M_B。

在冷却的过程中，纯溶剂和溶液的温度随时间变化的曲线（即冷却曲线）如图 5-1 所示。纯溶剂的冷却曲线如图 5-1（a）所示，图中水平线以下的部分表示发生了过冷现象，即溶剂冷却至凝固点时仍无晶体析出，只有当溶剂的温度降到凝固点以下时才析出晶体，随后温度再上升到凝固点。这是由于最早析出的微小晶体的饱和蒸气压大于同温度下普通晶体的饱和蒸气压。

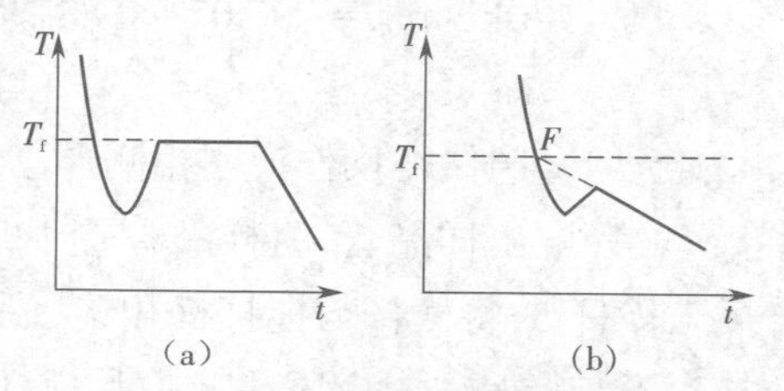

图 5-1　纯溶剂和溶液的冷却曲线

（a）纯溶剂　（b）溶液

溶液的冷却情况与此不同，当溶液冷却到凝固点时，开始析出固态纯溶剂。如图 5-1（b）所示，随着溶剂的析出，溶液的浓度相应增大，于是溶液的凝固点随着溶剂的析出而不断下降，表现在溶液的冷却曲线上则是不出现温度不变的水平线段。因此，在测定浓度一定的溶液的凝固点时，析出的固体越少，测得的凝固点越准确。同时应尽量减小过冷程度，一般加入少量溶剂的微小晶体作为晶种以促使晶体生成，或者用加速搅拌的方法促使晶体成长。当有过冷情况发生时，溶液的凝固点应从冷却曲线温度回升后外推得到，如图 5-1（b）中的 F 点。

三、实验仪器及试剂

凝固点降低实验装置（图 5-2、图 5-3）、压片机、25 mL 移液管、分析天平、环己烷（分析纯）、萘（分析纯）。

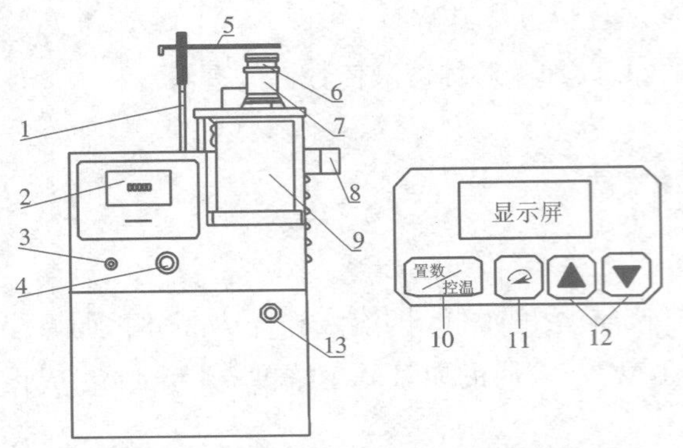

图 5-2　凝固点降低实验装置前面板示意

1—搅拌杆；2—显示屏；3—水泵开关；4—搅拌速率调节旋钮；5—横杆；6—样品管；7—空气套管；8—试管架；9—双层杯；10—置数/控温转换键；11—置数循环移位键；12—数字调节增减键；13—制冷指示灯

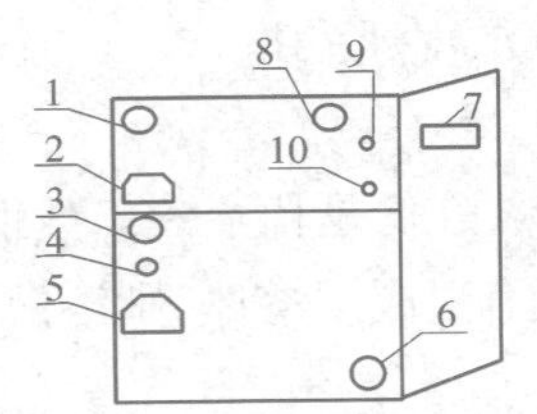

图 5-3　凝固点降低实验装置后面板示意

1—总电源开关；2—电源输入插座；3—制冷电源开关；4—电源输出线；5—电源插座（内含 10 A 保险丝）；6—放液口；7—USB 接口；8—传感器插座；9—冷浴温度调整螺孔；10—样品温度调整螺孔

四、实验步骤

1. 测定纯溶剂环己烷的凝固点

（1）关闭后面板上的制冷电源开关 3，打开后面板上的总电源开关 1。

（2）先用移液管向样品管中加入 25 mL 环己烷（可根据当时温度下环己烷的密度计算其质量），再将样品管放入空气套管中，最后一并放到试管架上。

注：环己烷的密度可用下面的经验公式进行计算：

$$\rho/(\mathrm{kg/m^3}) = 797.07 - 0.887\,9 \times (t/℃) - 0.972 \times 10^{-3} \times (t/℃)^2 + 1.55 \times 10^{-6} \times (t/℃)^3 \tag{5-4}$$

（3）参照仪器操作说明粗测环己烷的凝固点。

（4）取出样品管，将样品管置于空气套管中，待样品管中的冰花融化后，一并放入冷浴中。插入横杆 5，将横杆与搅拌杆相连，调节样品管的位置，将搅拌速率调节旋钮置于慢挡，保证搅拌头不与样品管管壁发生碰撞且搅拌自如，并用橡胶圈锁止横杆。随着冷却过程的进行，样品温度降低，应注意观察温度的变化。当温度降到高于粗测凝固点约 1 ℃时，开始记录时间和温度，每 30 s 记录 1 次；当温度低于粗测凝固点约 0.2 ℃时，将搅拌速率调节旋钮置于快挡，每 10 s 记 1 次温度；当样品过冷后温度回升至基本稳定不变时，停止记录。

（5）拿出样品管，待其中的冰花自然融化后，再次放入空气套管中，重复步骤（4）2 次。

2. 测定溶液的凝固点

先用托盘天平称约 0.3 g 萘，压片（具体操作参考实验三），再用分析天平精确称量，然后放入盛有 25 mL 环己烷的测定管中并搅拌，使萘全部溶解。按步骤 1 的方法，先粗测，再精确测量，平行测定 3 次，记录萘的环己烷溶液在凝固过程中的温度变化。

注意：①若样品降温较慢，建议向空气套管中加入 15 mL 冷却液；②若样品管管壁有结冰现象，一定要用搅拌杆将其刮落并搅拌至融化；③在控温状态下，只有当冷却液温度和样品温度都低于 10 ℃时，加热器才开始工作并控温；④环己烷溶液用毕必须倒入回收瓶。

五、实验记录及数据处理

室温：　　　　　　　　大气压：

（1）将实验数据填入下表。

体系	实验数据记录		
环己烷	第 1 次	t/s	
		T/K	
	第 2 次	t/s	
		T/K	
	第 3 次	t/s	
		T/K	
萘的环己烷溶液	第 1 次	t/s	
		T/K	
	第 2 次	t/s	
		T/K	
	第 3 次	t/s	
		T/K	

（2）作 T-t 步冷曲线，确定环己烷和萘的环己烷溶液的凝固点，并填入下表。

<table>
<tr><th colspan="2" rowspan="2">体系</th><th rowspan="2">质量/g</th><th colspan="3">凝固点测量值 T_f/K</th><th rowspan="2">凝固点
平均值 $\overline{T}_f$/K</th><th rowspan="2">凝固点降低值
ΔT_f/K</th></tr>
<tr><th>1</th><th>2</th><th>3</th></tr>
<tr><td colspan="2">环己烷 25 mL</td><td></td><td></td><td></td><td></td><td></td><td></td></tr>
<tr><td rowspan="2">萘的环己烷溶液</td><td>环己烷 25 mL</td><td></td><td rowspan="2"></td><td rowspan="2"></td><td rowspan="2"></td><td rowspan="2"></td><td rowspan="2"></td></tr>
<tr><td>萘</td><td></td></tr>
</table>

（3）计算萘的环己烷溶液的浓度和萘的摩尔质量，并写出计算过程。

（4）与萘的摩尔质量标准值比较，计算本实验结果的相对误差。

六、思考题

(1)凝固点降低法测定摩尔质量的公式在什么条件下才能应用?

(2)为什么要使用空气套管?

(3)溶剂的凝固点和溶液的凝固点的读取方法有何不同?为什么?

(4)为什么测定纯溶剂的凝固点时过冷程度大一些对测定结果影响不大,而测定溶液的凝固点时却必须尽量减小过冷程度?

七、实验拓展与讨论

凝固点降低法测定的是物质的表观摩尔质量。当溶质在溶液中有电离、缔合、溶剂化和生成络合物等情况时,溶质在溶液中的表观摩尔质量将受到影响。因此,这一方法可用于研究溶液的一些性质,例如电解质的电离度、溶质的络合度、活度和活度系数等。此外,由于杂质的存在会导致物质的凝固点降低,所以这一方法还可用于判断物质的纯度。

附录 5　凝固点测量仪的使用

本实验所用自冷式凝固点测量仪是南京桑力电子设备厂设计生产的教学用实验装置，温度测量范围为-50~150 ℃，冷浴恒温范围为-10~10 ℃。使用方法如下。

（1）制冷液的加入。

①关闭后面板上的制冷电源开关，打开后面板上的总电源开关，显示屏显示如右图（置数后的“00S”表示定时时间）所示。

样品值：12.000℃
设定值：12.0℃
状态：置数 00S

②先向样品管中加入适量待测样品，再将样品管放入空气套管中，最后一并放到试管架上。

③开启前面板上的水泵开关，泵开始工作。将制冷液（水和乙二醇按 2：1 的比例混合制得）加至双层杯容量的一半时（冷却液不得少于双层杯容量的一半），停止加液。

④打开后面板上的制冷电源开关，制冷指示灯亮，系统将对冷却液制冷。一般将冷浴温度设置为低于样品凝固点 4 ℃。

（2）在工作状态显示“置数”时，通过⊙和▲▼键设置冷浴需要控温的设定值和定时时间，仪器对设置的温度值具有断电存贮功能。在控温状态下，冷浴温度不能设置，但定时时间仍可设置。

（3）按置数/控温转换键至控温状态，系统将自动实施数字 PID 控温，显示屏显示如右图（控温后的“60S”表示定时时间为 60 s）所示。

样品值：12.000℃
设定值：12.0℃
状态：控温 60S

（4）将样品管从空气套管中取出，直接放入冷浴中，并不时手动搅拌。

（5）当冷却液恒温后，手动快速搅拌样品管中的待测样品，使样品温度下降后又回升，直到保持基本不变，此时的样品温度值即为样品的粗测凝固点。

（6）取出样品管，将样品管置于空气套管中，待样品管中的冰花融化后，一并放入冷浴中。

（7）插入横杆，将横杆与搅拌杆相连，调节样品管的位置，将搅拌速率调节旋钮置于慢挡，保证搅拌头不与样品管管壁发生碰撞且搅拌自如，并用橡胶圈锁止横杆。

（8）当样品温度低于粗测凝固点约 0.2 ℃时，将搅拌速率调节旋钮置于快挡，当样品过冷后温度回升至基本稳定不变后，读出凝固点值。拿出样品管，待其中的冰花自然融化后，再次放入空气套管中，第 2 次测出凝固点值。重复上述步骤，直至第 3 次测出凝固点值为止。

（9）按上述方法测出另一种样品的凝固点值。

（10）所有数据测量完毕后，先关闭制冷电源开关，再关闭搅拌开关，最后关闭总电源开关。

在仪器使用过程中还需注意以下问题。

（1）在实验过程中一般用慢挡搅拌，只有在过冷情况下晶体大量析出时才使用快挡搅拌，以促使体系快速达到热平衡。

（2）实验所用溶剂、溶质的纯度，环境温度及通风情况都直接影响实验的效果。

（3）冷却液温度以低于溶液凝固点 4 ℃为佳。

（4）传感器和仪表必须配套使用（传感器探头编号与仪表出厂编号应一致），以保证测量的准确度。

（5）由于慢速搅拌时阻力较大，不容易启动，所以先拨到快挡搅拌，启动后再拨到慢挡搅拌。

实验六　氨基甲酸铵分解反应平衡常数的测定

一、实验目的

（1）学会用静态法测定一定温度下氨基甲酸铵的分解压力，从而计算出相应温度下分解反应的平衡常数 $K^{\ominus}$。

（2）了解温度对反应平衡常数的影响，学会计算反应的热力学函数的变化值 $\Delta_r H_m^{\ominus}$、$\Delta_r G_m^{\ominus}$、$\Delta_r S_m^{\ominus}$。

二、实验原理

扫一扫：分解反应平衡常数的测定

氨基甲酸铵是合成尿素的中间产物，为白色固体，性质很不稳定，加热易分解。其分解反应式为

$$NH_2COONH_4(s) \rightleftharpoons 2NH_3(g) + CO_2(g)$$

该反应是多相可逆反应，若不将分解产物移出，则很容易达到平衡。其平衡常数为

$$K_p' = \frac{p_{NH_3}^2 p_{CO_2}}{p_{NH_2COONH_4}} (p^{\ominus})^{-2}$$

式中 p_{NH_3}、p_{CO_2}、$p_{NH_2COONH_4}$ 分别为 NH_3、CO_2 及 NH_2COONH_4 的平衡分压。由于一定温度下固体的蒸气压为定值，与固体的量无关，因此上式中的 $p_{NH_2COONH_4}$ 是常数。平衡常数 K_p' 常用气体标准平衡常数 $K^{\ominus}$表示，后者的表达式为

$$K^{\ominus} = \left(\frac{p_{NH_3}}{p^{\ominus}}\right)^2 \left(\frac{p_{CO_2}}{p^{\ominus}}\right) \tag{6-1}$$

由于固体氨基甲酸铵的蒸气压 $p_{NH_2COONH_4}$ 很小，可以忽略，因此系统的平衡总压 p 为 p_{NH_3} 与 p_{CO_2} 的和，即

$$p_{NH_3} = \frac{2}{3}p,\ p_{CO_2} = \frac{1}{3}p$$

代入式（6-1）得

$$K^{\ominus} = \left(\frac{2p}{3p^{\ominus}}\right)^2 \left(\frac{p}{3p^{\ominus}}\right) = \frac{4}{27}\left(\frac{p}{p^{\ominus}}\right)^3 \tag{6-2}$$

由此可见，系统达到平衡后，测定其平衡总压 p，即可算出该反应的平衡常数 $K^{\ominus}$。

温度对平衡常数的影响可用下式表示：

$$\frac{\mathrm{dln}\, K^{\ominus}}{\mathrm{d}T} = \frac{\Delta_r H_m^{\ominus}}{RT^2} \tag{6-3}$$

式中：T 是绝对温度；$\Delta_r H_m^{\ominus}$ 是反应焓。由式（6-3）可看出：若反应是吸热反应，则 $\Delta_r H_m^{\ominus}$ 是正值，

故有 $\frac{\mathrm{dln}\,K^{\ominus}}{\mathrm{d}T}>0$,即 $K^{\ominus}$ 随温度升高而增大;若反应是放热反应,则 $\Delta_r H_m^{\ominus}$ 是负值,故有 $\frac{\mathrm{dln}\,K^{\ominus}}{\mathrm{d}T}<0$,即 $K^{\ominus}$ 随温度升高而减小。

当温度变化范围不大时,$\Delta_r H_m^{\ominus}$ 可视为常数,则式(6-3)的不定积分式为

$$\ln K^{\ominus}=-\frac{\Delta_r H_m^{\ominus}}{RT}+C \tag{6-4}$$

式中:$\Delta_r H_m^{\ominus}$ 为实验温度范围内反应的平均等压热效应,可认为是该反应的标准摩尔反应焓;R 是摩尔气体常数;C 为积分常数。若以 $\ln K^{\ominus}$ 对 $1/T$ 作图,则得一条直线,见图 6-1。其斜率为 $-\frac{\Delta_r H_m^{\ominus}}{R}$,由此可求出 $\Delta_r H_m^{\ominus}$。

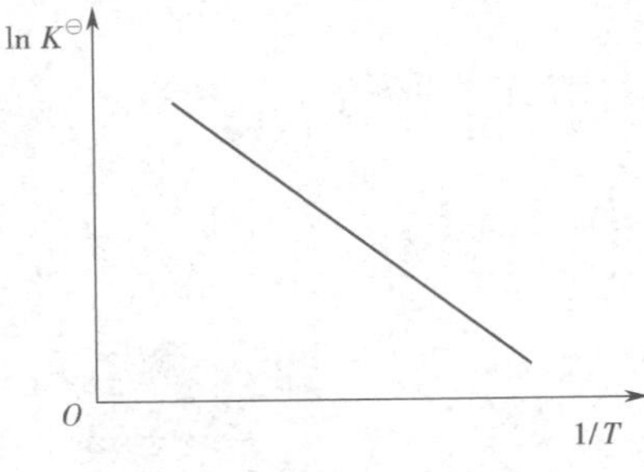

图 6-1　ln $K^{\ominus}$ 与 $1/T$ 的关系

氨基甲酸铵的分解是吸热反应,反应热效应很大,在 25 ℃时每摩尔氨基甲酸铵分解的反应焓 $\Delta_r H_m^{\ominus}$ 为 159×10^3 J/mol。由式(6-3)可以看出,温度对平衡常数的影响很大。在实验中必须严格控制恒温槽的温度,使温度波动小于 ±0.1 ℃。

由实验求得某温度下分解反应的平衡常数 $K^{\ominus}$ 后,根据 $\Delta_r G_m^{\ominus}=-RT\ln K^{\ominus}$ 可求得指定温度下分解反应的 $\Delta_r G_m^{\ominus}$,再由 $\Delta_r G_m^{\ominus}=\Delta_r H_m^{\ominus}-T\Delta_r S_m^{\ominus}$ 求得 $\Delta_r S_m^{\ominus}$。

本实验用静态法测定氨基甲酸铵分解反应的平衡总压,实验装置如图 6-2 所示。样品瓶中装有固体氨基甲酸铵样品,3 为等压计(实际上是一个装有硅油的 U 形压差计)。样品瓶和等压计均放在恒温槽中(严格地说,压力计也应放入恒温槽中)。实验时先对系统抽真空(必须保证系统内的空气排净)。待样品分解出气体后,自等压计的右管放入空气,调节等压计的液面始终保持水平。反应达到平衡后,用外接的压力计测出等压计右管的气体压力,该压力等于氨基甲酸铵分解的平衡总压。

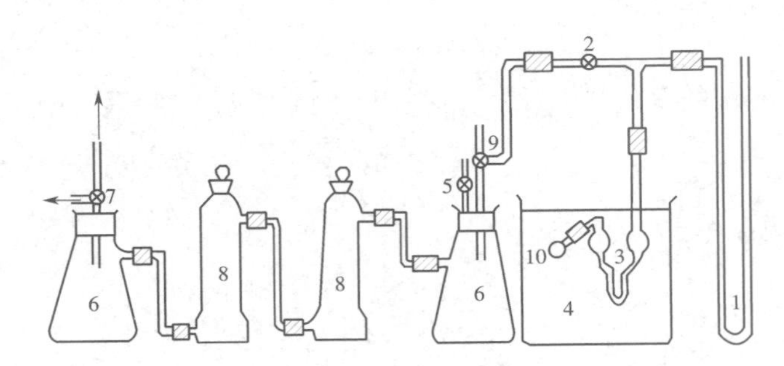

图 6-2　静态法测分解反应平衡压力装置

1—数字压力计连接端;2—阀门;3—等压计;4—恒温槽;5—放空阀;6—缓冲瓶;
7、9—三通阀;8—干燥塔;10—样品瓶

三、实验仪器及试剂

扫一扫:真空泵

实验装置(图 6-2)、真空泵、氨基甲酸铵。

四、实验步骤

(1)按图 6-2 检查装置中各旋塞及管路的密封情况,以防漏气。在样品瓶中装 1/3 容量的氨基甲酸铵,用乳胶管将样品瓶与等压计连接,注意用细铜丝扎紧乳胶管接口。

(2)将等压计固定在恒温槽中,调节恒温槽温度至(25 ± 0.1)℃。

(3)抽空系统。具体操作如下:打开放空阀 5,旋转三通阀 9,使系统和数字压力计都处于与大气相通的状态;打开数字压力计电源开关,待显示的压力数值稳定后,采零;关闭放空阀 5,旋转三通阀 7,使泵与大气相通;启动真空泵后再旋转三通阀 7,使泵与系统相通;待系统中的空气被抽出后(需抽 10~15 min 才能使空气排净),先旋转三通阀 7 使泵与大气相通,再停泵。

(4)由于样品不断分解出气体,等压计左管液面低于右管液面。为了维持等压,小心地旋转放空阀 5,使微量空气通过毛细管缓缓进入系统,并重复以上操作,使等压计两管液面维持等高(**注意:**不能让压力较高的空气进入等压计左管,以免硅油倒灌并进入样品管中)。

若空气放入量过多致使等压计右管液面低于左管,用真空泵抽气,调节至两管液面等高时再关闭三通阀 7。在实验过程中,若发现真空系统的真空度不能满足要求,可关闭三通阀 9,按抽真空的操作要求重新抽气 1~2 min 后再停泵。

(5)待等压计两管的液面水平后,由压力计读出系统压力 p;等待 1 min,若等压计两管的液面不等高,再旋转放空阀 5 至两液面相平。若两次 p 读数的差值小于 0.2 kPa,则认为分解反应已达平衡。

(6)调节恒温槽的温度至 28 ℃、30 ℃、35 ℃、40 ℃,重复步骤(4)与(5)。分别测出各温度下氨基甲酸铵的分解平衡总压。**注意:**在恒温槽升温过程中,氨基甲酸铵的分解压力会随温度升高而增大,应及时由放空阀 5 放入少量空气,使等压计两管液面高度相差不致过大,以免把硅油压至等压计的右管,或硅油鼓泡造成等压计液面观察不清。

(7)实验完毕后,缓缓将放空阀 5 打开,小心地与大气相通。

五、实验记录及数据处理

室温:　　　　　　　　　　　大气压:

实际温度 t/℃	实际温度 T/K	表压 p_1 /kPa	表压 p_2 /kPa	平衡总压 p/kPa	$K^{\ominus}$	$\ln K^{\ominus}$	$1/T$/(1/K)	$\Delta_r G_m^{\ominus}$/(kJ/mol)	$\Delta_r S_m^{\ominus}$/(J/(mol·K))

续表

实际温度 t/℃	实际温度 T/K	表压 p_1 /kPa	表压 p_2 /kPa	平衡总压 p/kPa	$K^{\ominus}$	$\ln K^{\ominus}$	$1/T$/ (1/K)	$\Delta_r G_m^{\ominus}$/ (kJ/mol)	$\Delta_r S_m^{\ominus}$/ (J/(mol·K))

(1)计算不同温度下氨基甲酸铵的分解平衡总压 p 及分解反应的平衡常数 $K^{\ominus}$。

(2)根据实验数据作 $\ln K^{\ominus}$-$1/T$ 图，由图中直线的斜率求分解反应的 $\Delta_r H_m^{\ominus}$。

(3)计算各温度下氨基甲酸铵分解反应的 $\Delta_r G_m^{\ominus}$ 和 $\Delta_r S_m^{\ominus}$。

六、思考题

(1)氨基甲酸铵分解属于什么类型的反应？其平衡常数有什么特点？

(2)为什么可通过等压计测定氨基甲酸铵分解的平衡总压？样品的数量对分解平衡总压有无影响？

(3)样品瓶中的空气如排不净是否会对实验产生影响？有什么影响？

(4)如何判断氨基甲酸铵分解已达平衡？若没有达到平衡会对测出的数据有什么影响？

(5)等压计中密封液的选取原则是什么？

(6)实验装置中干燥塔的作用是什么？

七、实验拓展与讨论

(1)用真空泵对系统抽气时，由于氨有腐蚀性，且与二氧化碳一起吸入泵内时会生成凝结物，以致损坏泵和污染泵油，因此在真空泵前装有干燥塔来吸收氨和二氧化碳。请讨论干燥塔内可装入什么干燥剂。

(2)本实验和纯液体饱和蒸气压实验的测定体系和测定方法有何区别？

实验七　完全互溶二组分液态混合系统的气液平衡相图的绘制

一、实验目的

（1）用沸点仪测定常压下完全互溶二组分系统的气液平衡数据，掌握绘制沸点-组成相图的方法。

（2）熟悉阿贝折光仪的原理和使用方法。

二、实验原理

两种在常温时为液态的物质混合而成的二组分体系称为二组分液态混合系统。若两种液体能按任意比例互相溶解，则称该混合系统为完全互溶二组分液态混合系统；若两种液体只能在一定比例范围内互相溶解，则称该混合系统为部分互溶二组分液态混合系统。例如：环己烷-乙醇二组分液态混合系统、乙醇-苯二组分液态混合系统都是完全互溶二组分液态混合系统；而酚-水二组分液态混合系统在一定温度范围内则是部分互溶二组分液态混合系统。

扫一扫：完全互溶二组分气液平衡相图的绘制

液体的沸点是指液体的蒸气压和外压相等时的温度。在一定外压下，纯液体的沸点有确定的值。但对于二组分液态混合系统而言，其沸点不仅与外压有关，而且和二组分液态混合系统中两种液体的相对含量有关。

若完全互溶二组分液态混合系统符合拉乌尔定律，则称其为理想液态混合物，此液态混合物的沸点介于两个纯组分的沸点之间，如图 7-1（a）所示；若完全互溶二组分液态混合系统对拉乌尔定律发生最大的正偏差或最大的负偏差，则此液态混合物有最低沸点（图 7-1（b））或最高沸点（图 7-1（c））。

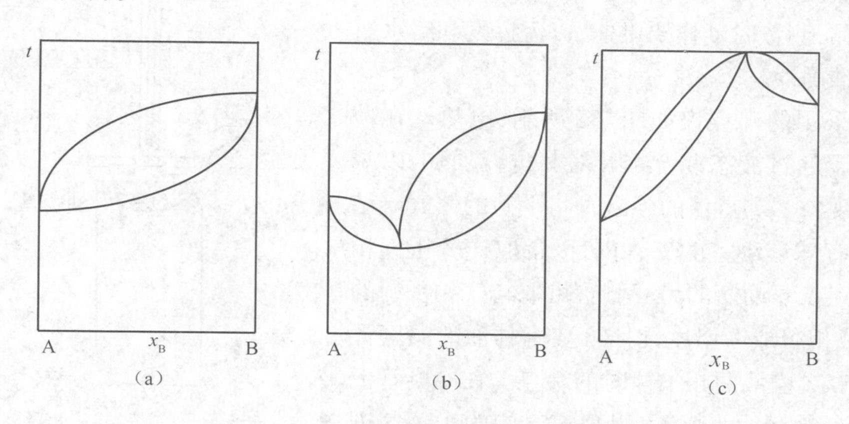

图 7-1　A-B 二组分液态混合系统的沸点-组成（t-x_B）图

（a）理想液态混合物　（b）有最大正偏差的液态混合物　（c）有最大负偏差的液态混合物

完全互溶二组分液态混合系统在定压下进行蒸馏时,气相组成与液相组成不同。由于蒸气压较高的组分在气相中的组成恒大于它在液相中的组成,因此原则上有可能用反复蒸馏的方法使二组分液态混合系统中的两个组分互相分离。对理想液态混合物,或对相比于理想液态混合物具有较小正、负偏差的液态混合物进行反复蒸馏时,可分离出两个纯组分。但对具有最低或最高沸点的实际液态混合物,就不能用单纯蒸馏的方法来分离得到两个纯组分。相图(图 7-1)中的极值点对应的温度称为恒沸点,具有恒沸点对应的组成的液态混合物称为恒沸混合物,蒸馏时其气相组成和液相组成相等。因此,蒸馏恒沸混合物时,只能增加气相量,而不能分离得到两个纯组分。但蒸馏偏离恒沸混合物组成的液态混合物时,则可分离出一个纯组分。

恒沸混合物在一定压力下具有准确的组成和完全确定的沸点。当外压改变时恒沸混合物的组成和恒沸点也随之改变,这就证明了其不是化合物而是混合物。虽然恒沸混合物的分离较困难,但工业上常用共沸蒸馏这种特殊的蒸馏方法分离出一个纯组分。例如,由工业乙醇制取无水乙醇,就是加入苯作为恒沸剂通过共沸蒸馏实现的。

本实验绘制环己烷-乙醇的沸点-组成图的方法是将不同组成的二组分液态混合物于沸点仪内进行蒸馏,采用回流冷凝法测定不同组成的混合物的沸点。待气、液两相平衡后,取出样品,分析其组成,从而绘制沸点-组成图。

折光率是物质的一个特征数值,液态混合物的折光率与其组成有关,因此可通过测定一系列已知浓度的液态混合物的折光率,作出一定温度下该液态混合物的折光率-组成工作曲线,使用内插法可得到未知液态混合物的组成。

此外,物质的折光率还与温度有关,因此在测定时应将恒温槽的温度控制在指定温度的 ±0.1 ℃范围内。把恒温循环水通入折光仪的棱镜周围,使棱镜温度恒定后才能测出较准确的折光率。对具有挥发性及易吸水的样品,测量时动作要迅速,以免挥发和吸水影响折光率的准确性。

本实验采用的沸点仪如图 7-2 所示,电热丝在玻璃管的保护下通过液态混合物并对其进行加热,以减少过热暴沸现象。沸点仪的冷凝管将平衡的蒸气凝结液聚集在带有球形小室的支管内,以备取样分析气相组成。从沸点仪蒸馏瓶的另一侧管可取与气相平衡的液相,分析液相组成。温度计插入装有甘油的温度计套管中,以测定气、液两相平衡时的沸点。在冷凝管上接一个装有分子筛的干燥管,以免空气中的水蒸气进入系统。

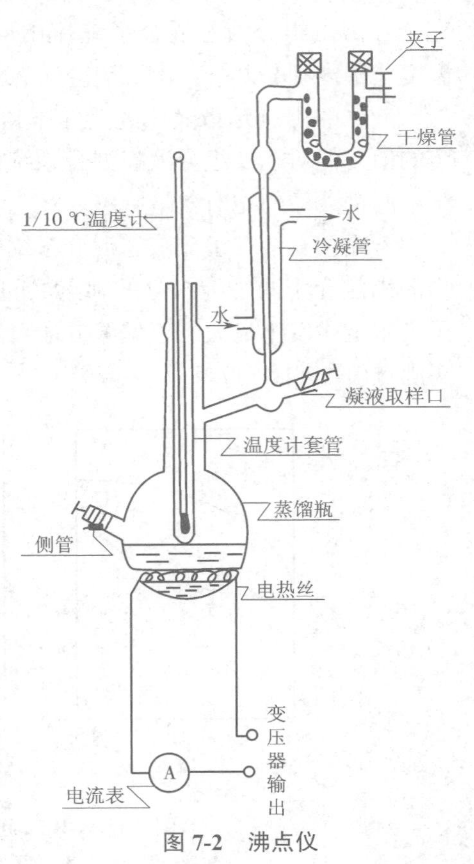

图 7-2　沸点仪

三、实验仪器及试剂

扫一扫：阿贝折光仪

沸点仪（图 7-2）、调压变压器、电流表、超级恒温水浴装置、阿贝折光仪（附录 6）1 台、1/10 ℃温度计、20 mL 移液管 2 支、5 mL 与 1 mL 移液管各 2 支、滴管 2 支、洗耳球、环己烷（分析纯）、无水乙醇（分析纯）。

四、实验步骤

（1）调节恒温槽温度至（35 ± 0.1）℃，并将恒温水通入折光仪的棱镜外恒温器接头中，循环流动，以维持棱镜恒温。

（2）按图 7-2 安装仪器，接通冷凝水，打开干燥管上通大气的夹子。

（3）由蒸馏瓶侧管加入 20 mL 环己烷，盖紧侧管塞子，调节变压器，使电流表的电流逐渐增大到 2 A（注意不要使电热丝烧断），电热丝缓缓加热液态混合物至沸腾，等沸腾温度恒定后，记录沸点，停止加热，冷却 2~3 min 后再进行下一步操作。

（4）由蒸馏瓶侧管加入 0.1 mL 乙醇，重新加热至沸腾，边沸腾边将沸点仪倾斜，目的是用冷凝管流下来的回馏液冲洗球形小室，以保证收集的冷凝液具有与液相平衡的气相组成。冲洗 2 次后，将冷凝液收集在球形小室中，等沸点稳定后，记录沸点，停止加热，冷却 2~3 min，由凝液取样口和侧管分别取气相和液相样品，迅速测定其折光率。测完后，打开棱镜，用镜头纸擦干，并用洗耳球吹干，为测定另一个样品的组成做准备。

（5）为了使数据在图中均匀分布，按 0.1 mL、0.2 mL、0.2 mL、0.5 mL、0.5 mL、1.0 mL、1.0 mL、2.0 mL 的顺序依次加入乙醇，重复步骤（4）。

（6）将蒸馏瓶中的液态混合物从侧管吸出，用洗耳球吹干，重新加入 20 mL 乙醇，按步骤（3）测沸点后，再按步骤（4）依次加入 1.0 mL、1.0 mL、2.0 mL、2.0 mL、4.0 mL、8.0 mL、10.0 mL、12.0 mL 环己烷（**注意：**随着液体总量增加，一定要缓慢加热，防止液体将侧管的塞子冲出），重复步骤（4）（如时间不够，可将步骤（6）交由另一组实验者进行，沸点-组成图由两个实验组共同完成）。

五、实验记录及数据处理

室温：　　　　　　　　　　　大气压：

混合液的体积组成		沸点/℃	气相冷凝液分析		液相分析	
环己烷	乙醇		折光率	$y(C_2H_5OH)$	折光率	$x(C_2H_5OH)$
20 mL	0 mL					
—	+0.1 mL					
—	+0.2 mL					
—	+0.2 mL					

续表

混合液的体积组成		沸点/℃	气相冷凝液分析		液相分析	
环己烷	乙醇		折光率	$y(C_2H_5OH)$	折光率	$x(C_2H_5OH)$
—	+0.5 mL					
—	+0.5 mL					
—	+1.0 mL					
—	+1.0 mL					
—	+2.0 mL					
0 mL	20 mL					
+ 1.0 mL	—					
+ 1.0 mL	—					
+ 2.0 mL	—					
+ 2.0 mL	—					
+ 4.0 mL	—					
+ 8.0 mL	—					
+ 10.0 mL	—					
+ 12.0 mL	—					

(1)根据环己烷-乙醇混合液的折光率-组成工作曲线及所测定的折光率确定气、液两相的组成。

(2)作环己烷-乙醇二组分液态混合物的 t-$x(y)$图,由图确定恒沸点及恒沸物($y=x$)的组成。

(3)作环己烷-乙醇二组分液态混合物的 y-x 图,并对由此图确定的恒沸物($y=x$)的组成与由 t-x 图确定之值进行比较。

六、思考题

(1)每次加入蒸馏瓶中的环己烷或乙醇的量是否需要精确量取?为什么?

(2)如何判定气、液两相已达平衡?本实验能否真正达到相平衡?为什么?

(3)本实验测得的沸点与标准大气压下的沸点是否一致?

(4)测定纯环己烷和乙醇的沸点时,为什么要求蒸馏瓶必须是干燥的?

(5)每次测定气相冷凝液的折光率以前,为什么一定要将取样支管的球形小室冲洗干净?

七、实验拓展与讨论

液态混合物的沸点与大气压有关。应用特鲁顿规则及克-克方程可得液态混合物沸点因大气变动而变动的近似校正公式:

$$\Delta T = RT_{沸}/21 \cdot \Delta p/p \approx T_{沸}/10 \cdot (760 - p)/760$$

式中：ΔT是沸点校正值；$T_{沸}$是实测液态混合物的沸点（绝对温度）；p为测定时的大气压力，mmHg。

由此可得在一个大气压下液态混合物的正常沸点为

$$T_{正常} = T_{沸} + \Delta T$$

若需要更精确的沸点数据，还应加上温度计的露茎校正值。

附录 6　阿贝折光仪

阿贝（Abbe）折光仪可测定液体的折光率，定量分析溶液的成分，检验物质的纯度。它也是测定分子结构的重要仪器，求算摩尔折射度、测定极性分子的偶极矩等都需要折光率的数据。由于阿贝折光仪需要的样品量极少，测定方法简便，不需要特殊光源设备，并可在棱镜夹层中通恒温水以保持温度恒定，精确度高，重复性好，因此它是物理化学实验室中常用的光学仪器。

一、基本原理

1. 折射现象和折光率

当一束光从一种各向同性的介质 m 进入另一种各向同性的介质 M 时，不仅光速会发生改变，如果传播方向不垂直于 m-M 界面，还会发生折射现象，如附图 6-1 所示。根据斯涅尔（Snell）折射定律，波长一定的单色光在温度、压力不变的条件下，其入射角 i_m 和折射角 r_M 与这两种介质的折光率 n（介质 M）、n_P（介质 m）有下列关系：

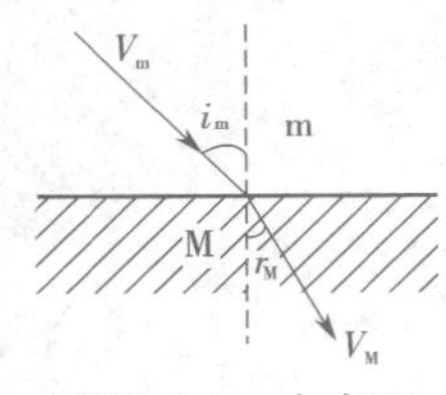

附图 6-1　光在不同介质中的折射

i_m—入射角；r_M—折射角；V_m—入射光；V_M—折射光

$$\sin i_m / \sin r_M = n/n_P \qquad （附 6-1）$$

如果介质 m 是真空，规定 $n_{真空}=1$，则有

$$n = \sin i_{真空} / \sin r_M$$

式中 n 为介质 M 的绝对折光率。

如果介质 m 为空气，则有

$$n_{空气} = 1.000\ 27$$

因此　$\sin i_{空气} / \sin r_M = n/n_{空气} = n/1.000\ 27 = n'$

式中 n' 为介质 M 对空气的相对折光率。因为 n 与 n' 相差很小，所以通常将 n' 作为介质的绝对折光率，但在精密测量时，必须对其进行校正。

折光率以符号 n 表示，由于 n 与波长有关，因此在其右下角注上字母以表示测定时所用光的波长，如 D、F、G、C 分别表示钠光的 D（黄）线，氢光的 F（蓝）线、G（紫）线、C（红）线等。另外，折光率还与介质的温度有关，因而在 n 的右上角注上测定时的介质温度（摄氏温度），例如 n_D^{20} 表示 20 ℃时该介质对钠黄光的折光率。大气压对折光率的影响极微，只有在精密测定中才给予校正。

2. 阿贝折光仪测定液体介质折光率的原理

阿贝折光仪是根据临界折射现象设计的，也就是说，随着入射角 i 增大，折射角 r 会相应增大；当 i 达到极大值 π/2 时，也就是入射光沿界面射入时，所得到的折射角 r_c 称为临界折射角。由于再没有比 r_c 更大的折射角了，因此大于临界角的部分构成暗区，小于临界角的部分构成亮区。若将试样 m 置于棱镜 P 的镜面 F 上，已知棱镜的折光率为 n_P，且 n_P 大于试样的折光率 n，则根据前述式（附 6-1）可得

$$n = n_P \sin r_c / \sin 90° = n_P \sin r_c$$

显然，如果已知 n_P、温度，且光的波长保持恒定，测定 r_c 就能算出被测试样 m 的折射

率 n。

二、阿贝折光仪的结构

附图 6-2(a)是一种典型的阿贝折光仪的结构示意图,附图 6-2(b)是它的外形。阿贝折光仪的中心部件是由两块直角棱镜组成的棱镜组,其中下面一块是可以启闭的辅助棱镜,其斜面是磨砂的。液体试样夹在辅助棱镜与测量棱镜之间,展开成一薄层。光由光源经反射镜反射至辅助棱镜,在磨砂斜面发生漫反射。从液体试样层进入测量棱镜的光线各个方向都有,从测量棱镜直角边上方可观察到临界折射现象。转动棱镜组转轴的手柄,调整棱镜组的角度,使临界线正好落在测量望远镜视野的 X 形准丝交点上。由于刻度盘与棱镜组的转轴是同轴的,因此与试样折光率相对应的临界角位置能通过刻度盘反映出来。刻度盘上的示值有两行:一行是在以日光为光源的条件下将 r_c 值和 n_P 值直接换算成相当于钠光 D 线的折光率 n(从 1.300 0 至 1.700 0);另一行为 0 ~90%,它是工业上用折光仪测量固体物质在水溶液中的浓度时所用的标度。

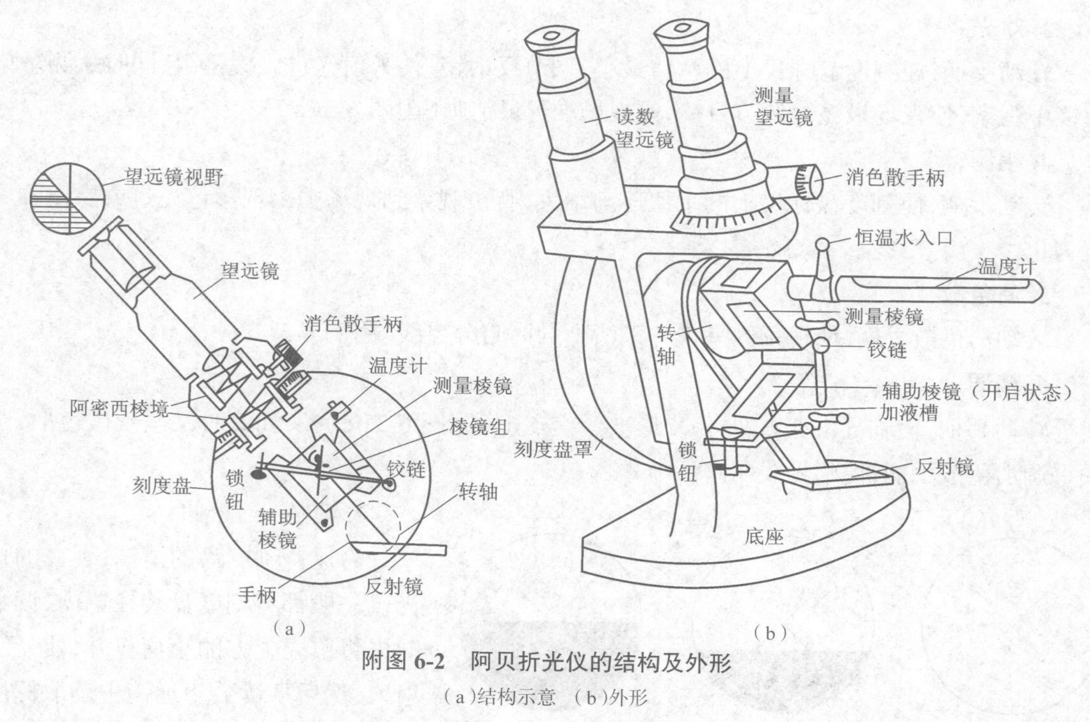

附图 6-2　阿贝折光仪的结构及外形

(a)结构示意　(b)外形

为了方便起见,阿贝折光仪采用日光而不是单色光作为光源,日光通过棱镜时因其不同波长的光的折光率不同而发生色散,使临界线模糊,因而在测量望远镜的镜筒下面设计了消色补偿器——阿密西棱镜,旋转消色散手柄就可消除色散现象,得到清楚的明暗分界线。

三、使用方法

1. 仪器的安装

将阿贝折光仪（以下简称折光仪）置于靠窗的桌上或普通白炽灯前，但勿使仪器曝于直照的日光下，以免液体试样迅速蒸发。用橡胶管将测量棱镜与辅助棱镜上的保温夹套的进出水口与恒温槽串联起来。恒温温度以折光仪上的温度计读数为准，一般选用（20±0.1）℃或（25±0.1）℃。

2. 加样

松开锁钮，开启辅助棱镜，使其磨砂的斜面处于水平位置，用滴管滴加少量丙酮清洗镜面，注意勿使管尖碰触镜面。必要时可用镜头纸轻轻擦拭镜面，但不要把手按在镜面上擦拭，而要在镜面两边压住镜头纸擦拭，以免划伤镜面。待镜面干燥后，滴加数滴试样于辅助棱镜的磨砂镜面上，闭合辅助镜头，旋紧锁钮。若试样易挥发，则可在二棱镜接近闭合时从加液小槽中加入，然后锁紧锁钮。

3. 对光

转动手柄，使刻度盘标尺上的示值最小，调节反射镜，使入射光进入棱镜组，同时从测量望远镜中观察，使视场最亮。调节目镜，使视场准丝最清晰（附图 6-3（a））。

4. 粗调

转动手柄，使刻度盘标尺上的示值逐渐增大，直至观察到视场中出现彩色光带或黑白临界线为止。

5. 消色散

转动消色散手柄，使视场内呈现一条清晰的明暗分界线（附图 6-3（b））。

6. 精调

转动手柄，使临界线正好处于 X 形准丝交点上（附图 6-3（c））。如此时又呈现微色散，必须重调消色散手柄，使临界线明暗清晰。

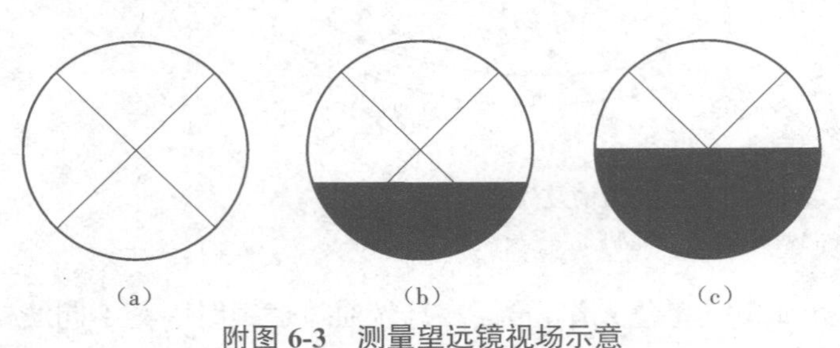

附图 6-3　测量望远镜视场示意

（a）明亮视场　（b）出现明暗分界线　（c）明暗分界线处于 X 形准丝交点上

7. 读数

为保持刻度盘的清洁，现在的折光仪一般都将刻度盘装在罩内，读数时先将罩壳上方的小窗打开，使光线射入，然后从读数望远镜中读取标尺上相应的示值。由于眼睛在判断临界线是否处于准丝交点上时容易疲劳，为减小偶然误差，应转动手柄，重复测定 3 次，要求 3 个读数相差不大于 0.000 2，然后取其平均值。折光率对试样的成分变化极其灵敏，由于受到玷污或易挥发组分蒸发，试样的组成会发生微小的改变，从而导致读数不准确，因此测一个试样须重复取 3 次样，测定这 3 个样品的数据，再取其平均值。

8. 仪器校正

折光仪的刻度盘上标尺的零点有时会发生移动,须加以校正。校正的方法是:用已知折光率的标准液体(一般为纯水),按上述方法进行测定,将其平均值与标准值比较,差值即为校正值。纯水的 $n_D^{20}=1.332\,5$,在 15 ℃和 30 ℃之间的温度系数为 $-0.000\,1$/℃。在精密测量工作中,可将折光仪附带的注明折光率的标准玻璃块用 α-溴萘粘在测量棱镜上,不要合上辅助棱镜,并将刻度盘上的读数调到该温度下的折光率上,若从目镜中看到明暗分界线不在准丝交点上,可用仪器附有的专用工具转动螺钉,使分界线移到准丝交点上。

实验八　二元凝聚系统的步冷曲线及相图的绘制

一、实验目的

（1）掌握使用热分析法绘制二元凝聚系统步冷曲线及相图的方法。

（2）了解二元合金系统的相平衡规律，掌握基本类型相图上的点、线、面的意义。

二、实验原理

当多相系统处于相平衡状态时，以系统的某一物理性质对系统的某一自变量作图所得到的图形能反映相平衡的情况（如相的数目、性质等），故称为相图。二元或多元系统的相图常以组成为自变量，其物理性质则大多数取温度。

热分析法是绘制相图的重要方法。最简单的热分析法就是利用热电偶或温度计来测定一系列随时间变化的温度数据，从而绘制系统的温度-时间曲线（即步冷曲线或加热曲线）。它是根据系统在冷却或加热过程中发生相变时所对应的温度来确定状态图的。当一个熔融系统均匀冷却时，如无相变化，它的温度将随时间连续均匀地下降，将得到一条光滑的温度-时间曲线；如果在冷却过程中发生了相变，由于相变热的影响，曲线就会出现转折或水平线段，而转折或水平线段所对应的温度就是相变温度。因此，取一系列组成不同的系统，作出它们的步冷曲线，求出各转折点的温度，即能画出二元系统最简单的温度-组成相图。

以具有最低共熔点的二元 Pb-Sn 系统为例，测定不同组成的系统时得到一系列冷却曲线，如图 8-1（a）所示。由步冷曲线的形状，结合相律，便可了解冷却过程中系统的相变化，从而作出系统的相图。

定压下凝聚系统相律的表达式为

自由度数 = 独立组分数-相数+1

即　$F = C - P + 1$

如样品为纯物质（图 8-1（a）中样品①和⑤），冷却过程开始时是液态金属的冷却，独立组分数 $C = 1$，相数 $P = 1$。根据相律，自由度数 $F = 1$，故温度随时间的延长均匀下降。当样品逐渐冷却至凝固点（Pb 的 $T_f = 327$ ℃，Sn 的 $T_f = 231.8$ ℃）时，固相析出并放出凝固热，补偿了凝固过程中向外界散失的热，温度可保持不变。根据相律，此时 $C = 1$，$P = 2$，$F = 0$，系统没有独立变量，即纯物质固、液两相共存，温度恒定不变，冷却曲线上出现了水平线段（水平线段的长短取决于称取固体的总质量及冷却速率）。直至样品全部凝固后，$P = 1$，$F = 1$，固态金属的温度又开始均匀下降。

具有低共熔点组成的样品（如含 Sn 61.9%、Pb 38.1%的样品）的冷却曲线和纯物质的冷却曲线很相似。这是由于低共熔物自液态冷却至一定温度时，同时析出两个固相（α、β 相），从而使系统变成三相，自由度为 0，故也出现水平线段。此温度即为最低共熔温度。

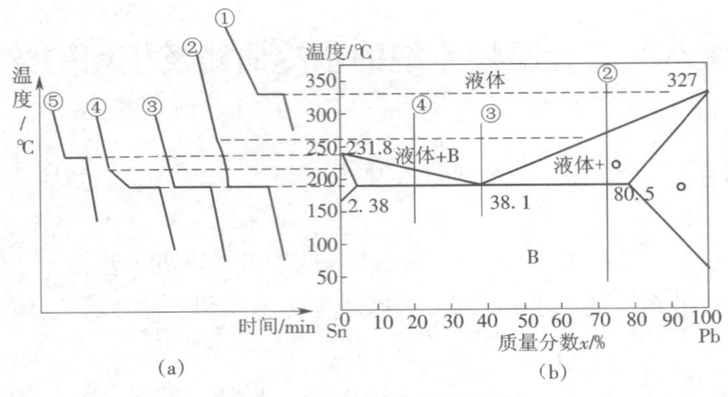

图 8-1　金属相图(步冷曲线)

(a)不同组成 Sn-Pb 系统的冷却曲线　(b)Sn-Pb 系统的液-固平衡相图

①—100% Pb；②—30% Sn + 70% Pb；③—61.9% Sn + 38.1% Pb；④—80% Sn + 20% Pb；⑤—100% Sn

对于含 Sn 量大于 1.95%且小于 97.42%的样品，冷却曲线较复杂。现以样品②为例，开始时液态合金均匀冷却；当温度降至一种固溶体 α 相析出时，$C=2$，$P=2$，$F=1$，此时温度仍可改变，只是由于 α 相析出时放出相变热，冷却速度变慢，冷却曲线的斜率变小，出现转折点；随着固相的析出，液相及固相的组成均在改变，当液相组成达到低共熔组成时温度达低共熔温度，在另一固相 β 相同时析出时，系统变为三相，故自由度为 0，曲线呈现水平线段；液相消失后，系统只有两相(α 和 β 相)，自由度为 1，温度又开始均匀下降。

用热分析法绘制相图的要点如下。

(1)被测系统必须时时处于或非常接近相平衡状态。因此，在系统冷却时，冷却速度必须足够慢，才能得到较好的结果。若系统中的几个相都是固相，因固相与固相转化时相变热较小，很难保持平衡条件，常用其他方法(如差热分析法)来绘制相图。

(2)测定时被测系统的组成必须与原来配制样品时的组成一致。如果在测定过程中样品各处不均匀或氧化变质，冷却曲线就会测不准。

(3)仪表显示的温度值必须能实时反映系统在测定时间内的真实温度。因此，测温仪器的热容必须足够小，它与被测系统之间的热传导必须足够好，测温探头必须深入被测系统的足够深处。

三、实验仪器及试剂

金属相图(步冷曲线)测定装置(包括 KWL-09 型可控升降温电炉和 SWKY-Ⅰ型数字控温仪)、温度传感器Ⅰ、温度传感器Ⅱ、不锈钢试样管 6 支、坩埚钳、劳保手套。

四、实验步骤

(1)将纯 Bi、纯 Sn 及 4 个不同含量 Sn-Bi 混合样品(其混合比例如下表所示)，分别放入 6 支不锈钢试样管中(试样已封装好，请勿打开，蒸气有毒！)。

物质 \ 样品号	1	2	3	4	5	6
Sn/g	100	80	60	42	20	0
Bi/g	0	20	40	58	80	100

（2）接通数字控温仪电源，打开可控升降温电炉开关，并确认电炉的冷风量调节旋钮逆时针旋转到底为冷风关闭状态。用坩埚钳将1号和2号试样管分别插入可控升降电炉试样测试区的加热炉口内。将温度传感器Ⅰ和Ⅱ分别插入试样管的小孔内，用以测定试样的温度。

（3）点按数字控温仪定时显示屏下的“▲”“▼”按钮设定时间间隔为30 s，仪器中的蜂鸣器将每30 s鸣响一声提醒计数。

（4）点击数字控温仪的工作/置数键使之处于置数状态，然后点按“×100”“×10”“×1”“×0.1”设定电炉控制温度为350 ℃；再次点击工作/置数键使数字控温仪处于工作状态，等待升温。

（5）电炉开始加热升温，试样也随之升温。其温度通过温度传感器Ⅰ、Ⅱ传输到数字控温仪上，分别显示在温度显示屏Ⅰ、Ⅱ上。当温度显示值Ⅰ、Ⅱ均达到设定温度后，恒温10 min，保证试样管内物质完全熔融。

（6）点击数字控温仪的工作/置数键使之处于置数状态，设备停止加热。用坩埚钳将1号和2号试样管放回试样管摆放区冷却，试样进入冷却状态，每隔30 s记录1次两个试样各自的温度。当样品温度不随时间变化出现平台，接着再次开始降温时，再记录10个数据即可停止记录和测定。

（7）将冷风量调节旋钮顺时针旋转到底，开启冷风。待温度降至室温附近，取出温度传感器Ⅰ、Ⅱ，再将电炉冷风量调节旋钮逆时针旋转到底，关闭冷风。

（8）用坩埚钳将3号和4号试样管分别插入试样测试区的加热炉口内，并将温度传感器Ⅰ和Ⅱ分别插入试样管的小孔内，不需要重新设定时间间隔和电炉控制温度，直接双击工作/置数键使控温仪处于工作状态，等待升温即可。

（9）重复步骤（5）~（7）进行加热、冷却和测定，如此循环至最后一组试样测试完毕。

（10）最后一组试样测试完毕后，一定要将冷风量调节旋钮顺时针旋转至底，对炉体进行降温；待炉体温度降至室温后，关闭控温仪和电炉的电源开关，拔下电源线，并整理好台面。

实验中的注意事项如下。

（1）当用坩埚钳夹热的试样管时，一定要夹住，以免烫伤。

（2）试样的加热温度要选择适当，既要保证完全熔融（即温度不可过低），又要防止高温下金属试样氧化变质（即温度不能过高）。

（3）由于相图是系统处于相平衡状态时的温度-组成相图，因此系统冷却速度必须足够小。若室内温度过低，平台时间太短，可调节可控升降温电炉的加热量调节和冷风量调节旋钮，使降温速率控制在6 ℃/min。

五、实验记录及数据处理

室温：　　　　　　　　　　　　　大气压：

时间/s	温度/℃					
	w_{Bi}= 0%	w_{Bi}= 20%	w_{Bi}= 40%	w_{Bi}= 58%	w_{Bi}= 80%	w_{Bi}= 100%

(1)根据实验数据,以时间为横坐标、温度为纵坐标绘出各样品的步冷曲线。

(2)通过各组成样品的步冷曲线上的转折点,作出温度-组成相图,标出最低共熔点,分析低共熔混合物的组成。

(3)在所作的相图中标出各相区的稳定相及成分,用相律分析各区及各线的自由度数。

六、思考题

(1)如果冷却速率一样,质量相同而组成不同的样品在低共熔点停顿的时间相同吗?

(2)如果冷却速率一样,组成相同而质量不同的样品在低共熔点停顿的时间相同吗?

(3)如果系统发生相变时热效应很小,则热分析法很难获得准确的相图,为什么?

(4)样品在加热时温度不能过高或过低,为什么?

七、实验拓展与讨论

还可利用差热分析仪(DTA)或差示扫描量热仪(DSC)等绘制二组分凝聚系统相图,只需少量样品即可,且实验时间短。热分析仪原理及仪器选择可查阅本教材参考文献[3]。

附录 7　金属相图测量装置

本实验所用金属相图测量仪是南京桑力电子设备厂设计生产的教学用实验装置，控制温度范围为 0~650 ℃。数字控温仪的前面板和电炉前面板如附图 7-1 和附图 7-2 所示。

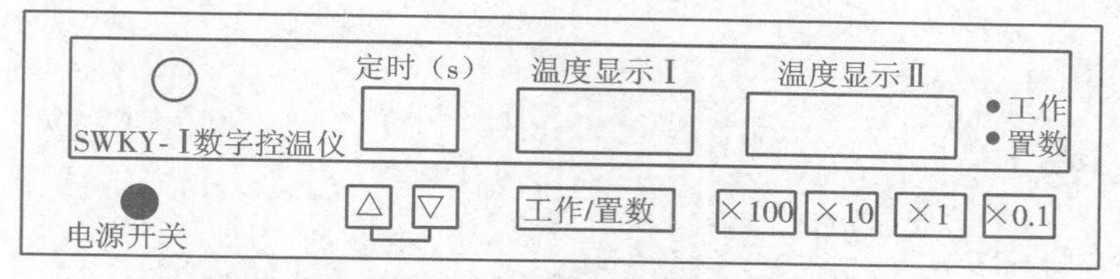

附图 7-1　SWKY-Ⅰ型数字控温仪前面板

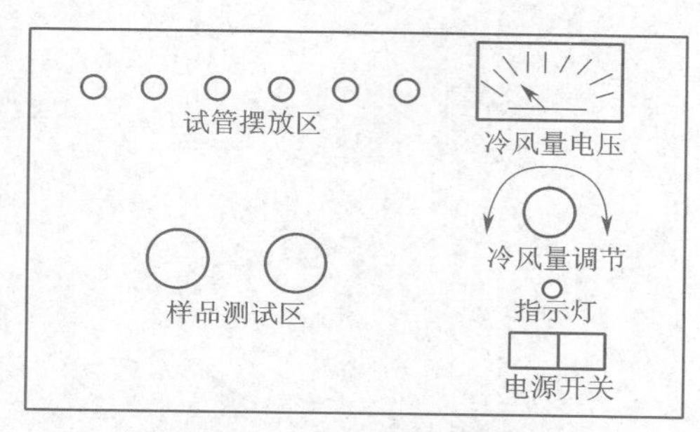

附图 7-2　KWL-09 电炉前面板

该实验装置的使用方法如下。

（1）打开数字控温仪电源，置数指示灯亮。此时温度显示屏Ⅰ、Ⅱ分别显示温度传感器Ⅰ、Ⅱ所测介质温度。

（2）打开电炉电源，将冷风量调节旋钮逆时针旋转到底，关闭冷风。

（3）将温度传感器Ⅰ、Ⅱ分别插入样品测试区的样品管Ⅰ、Ⅱ中。

（4）点按数字控温仪面板上的工作/置数键，此时面板显示为：

温度显示Ⅰ　　温度显示Ⅱ

00　320.0 ℃　-------

这表明仪器进入设置目标温度的状态。根据需要，设置所需目标温度和定时时间，目标温度以高于样品开始凝固的温度 30~50 ℃为宜，且不可过高。目标温度由温度显示屏Ⅰ显示。

（5）再次点按数字控温仪面板上的工作/置数键，工作指示灯亮，仪器进入电炉加热控温状态。

（6）当温度达到目标温度时，应恒温一段时间（10 min 左右），待样品完全熔化后，点按数字控温仪工作/置数键，置数指示灯亮，设备停止加热，样品进入冷却状态，此时可记录两份样品的实时温度。如与电脑连接，可通过电脑自动读取样品温度并绘制降温曲线。当样品温度低于低共熔温度 20~30 ℃时可停止记录。

（7）当两份样品结束测试后，将两份样品放入试管摆放区冷却。

（8）将待测的另两份样品分别放入样品测试区，再按上述过程进行加热、冷却和测定。

（9）所有样品测试完毕后，顺时针调节冷风量调节旋钮到底，对炉体进行降温，待炉体降至室温时，关闭所有设备的电源。

实验九　电导法测定乙酸的电离平衡常数

一、实验目的

(1)掌握电导法测定弱电解质电离平衡常数的基本原理及实验方法。

(2)掌握电导率仪的测量原理及使用方法。

二、实验原理

扫一扫:电导法测定乙酸的电离平衡常数

电解质溶液是第二类导体,和金属一样服从欧姆定律 $V = IR$。电解质溶液的电阻 R 与两极间的距离 l 成正比,与浸入溶液的电极面积 A 成反比,即

$$R = \rho l/A$$

式中 ρ 称为电阻率。电解质溶液的导电能力由电导(即电阻的倒数)来量度。它们之间的关系为

$$G = 1/R = \kappa A/l$$

$$\kappa = Gl/A \tag{9-1}$$

式中:κ 为电导率,$\kappa = 1/\rho$;G 为电导;l/A 为电导池常数。

将面积为 1 m^2 的两个平行电极置于电解质溶液中,两个电极间的距离为 1 m 时的电导,称为电导率,其单位为 $\Omega^{-1}\cdot m^{-1}$ 或 S/m。

电导池常数(l/A)对一定的电极为一确定的数值,可将电导电极插入已知电导率的溶液(通常用一定浓度的 KCl 溶液,其电导率数值可由手册中查到)中,测其电导值 G。按式(9-1)即可计算出 l/A 值。电解质溶液的电导率不仅与温度有关,而且与溶液的浓度有关,因此通常用摩尔电导率来衡量电解质溶液的导电能力。

在相距 1 m 的两个平行电极间放入 1 mol 电解质溶液所呈现的电导,称为摩尔电导率 Λ_m。摩尔电导率 Λ_m 与电导率 κ 的关系为

$$\Lambda_m = \kappa/c \tag{9-2}$$

式中 Λ_m 是电解质浓度为 c 时的摩尔电导率,其单位是 $m^2/(\Omega\cdot mol)$ 或 $S\cdot m^2/mol$。

摩尔电导率 Λ_m 随电解质浓度的改变而改变,但其变化规律对强、弱电解质是不同的。对于强电解质的稀溶液,有

$$\Lambda_m = \Lambda_m^\infty - A\sqrt{C} \tag{9-3}$$

式中 Λ_m^∞ 与 A 为常数,Λ_m^∞ 为无限稀释溶液的摩尔电导率,可从 Λ_m 与 $\sqrt{c}$ 的直线关系外推而得。弱电解质的 Λ_m 与 $\sqrt{c}$ 没有直接关系,其 Λ_m^∞ 可用下面的方法求得。

根据科尔劳施(Kohlrausch)离子独立运行定律,有

$$\Lambda_m^\infty = \nu_+ \Lambda_{m+}^\infty + \nu_- \Lambda_{m-}^\infty \tag{9-4}$$

式中：Λ_{m+}^{∞} 表示正离子无限稀释时的离子电导；Λ_{m-}^{∞} 表示负离子无限稀释时的离子电导。

因此弱电解质的 Λ_m^{∞} 可由强电解质的 Λ_m^{∞} 求出。例如：

$$\Lambda_m^{\infty}(\mathrm{HOAc})=\Lambda_m^{\infty}(\mathrm{HCl})+\Lambda_m^{\infty}(\mathrm{NaOAc})-\Lambda_m^{\infty}(\mathrm{NaCl})$$

弱电解质的电离度与摩尔电导率的关系为

$$\alpha=\Lambda_m/\Lambda_m^{\infty} \tag{9-5}$$

将式（9-2）代入式（9-5）得

$$\alpha=\kappa/c\Lambda_m^{\infty} \tag{9-6}$$

由式（9-6）可看出，测出某浓度下电解质的电导率 κ 即可计算出该浓度下的电离度 α。

电离平衡常数与摩尔电导率的关系随电解质类型不同而异，1~1 型电解质（如 HOAc）的电离平衡为

$$\begin{array}{lcl}\mathrm{HOAc} & \rightleftharpoons & \mathrm{H^+} + \mathrm{OAc^-} \\ c(1-\alpha) & & \alpha c \quad\quad \alpha c\end{array}$$

电离平衡常数为

$$K^{\ominus}=\frac{\left(\alpha c/c^{\ominus}\right)^2}{\dfrac{(1-\alpha)c}{c^{\ominus}}}=\frac{\alpha^2}{1-\alpha}\cdot\frac{c}{c^{\ominus}}=\frac{c}{c^{\ominus}}\cdot\frac{\Lambda_m^2}{\Lambda_m^{\infty}\left(\Lambda_m^{\infty}-\Lambda_m\right)} \tag{9-7}$$

或

$$\frac{c\Lambda_m}{c^{\ominus}}=K^{\ominus}\left(\Lambda_m^{\infty}\right)^2\frac{1}{\Lambda_m}-K^{\ominus}\Lambda_m^{\infty} \tag{9-8}$$

由式（9-8）可看出以 $c\Lambda_m/c^{\ominus}$ 对 $1/\Lambda_m$ 作图为一条直线，其斜率为 $K^{\ominus}\left(\Lambda_m^{\infty}\right)^2$、截距为 $-K^{\ominus}\Lambda_m^{\infty}$，由此可求出电离平衡常数 $K^{\ominus}$ 和无限稀释时的摩尔电导率 Λ_m^{∞}。

扫一扫：DDSJ-308A 电导率仪

三、实验仪器及试剂

DDSJ-308A 电导率仪、Pt 电极、恒温槽、50 mL 移液管、25 mL 移液管 6 支、250 mL 锥形瓶、100 mL 单管反应器、去离子水、乙酸标准溶液（约 0.05 mol/L）。

四、实验步骤

（1）熟悉并掌握电导率仪的使用和读数方法，请参阅附录 8。

（2）调节恒温槽的温度为（25.0 ± 0.1）℃。

（3）将装有去离子水的 250 mL 锥形瓶置于恒温槽中待用。将 50 mL 乙酸标准溶液加入清洁、干燥的 100 mL 单管反应器中，插入 Pt 电极，放入恒温槽中恒温 10 min，然后用调好的电导率仪测定其电导率。

（4）用 25 mL 移液管将单管反应器中的乙酸溶液吸出 25 mL 弃掉，用另一支 25 mL 移液

管吸取恒温好的去离子水放入单管反应器中，混合均匀后测定其电导率。

（5）按上述方法再将乙酸溶液冲稀 5 次，目的是测得不同浓度时的乙酸溶液的摩尔电导率，从而计算电离平衡常数。

五、实验记录及数据处理

（1）记录乙酸溶液在不同浓度时的电导率，计算摩尔电导率、电离度及电离平衡常数。

室温：　　　　　　　　　　　　大气压：

实验温度：　　　　　　　　　　电极常数：

c/(mol/L)	$\sqrt{c}$	κ/(μS/cm)	Λ_m/(S·m²/mol)	α	$K^{\ominus}$

计算公式如下：

$$\Lambda_m = \kappa / c$$

$$\alpha = \Lambda_m / \Lambda_m^{\infty}$$

$$K^{\ominus} = \frac{\alpha^2}{1-\alpha} \cdot \frac{c}{c^{\ominus}}$$

已知 HOAc 在 25 ℃时的 $\Lambda_m^{\infty} = 390.7 \times 10^{-4}$ S·m²/mol。

（2）以 HOAc 溶液的摩尔电导率 Λ_m 对其浓度的平方根 $\sqrt{c}$ 作图，从而了解浓度对弱电解质溶液的摩尔电导率的影响。

（3）以 $c\Lambda_m / c^{\ominus}$ 对 $1/\Lambda_m$ 作图得一条直线，其斜率为 $K^{\ominus}\left(\Lambda_m^{\infty}\right)^2$，由此求出电离平衡常数 $K^{\ominus}$，并与计算所得结果比较。

$c\Lambda_m / c^{\ominus}$	
$1/\Lambda_m$	

六、思考题

（1）电离平衡常数 $K^{\ominus} = \frac{\alpha^2}{1-\alpha} \cdot \frac{c}{c^{\ominus}} = \frac{c}{c^{\ominus}} \cdot \frac{\Lambda_m^2}{\Lambda_m^{\infty}\left(\Lambda_m^{\infty} - \Lambda_m\right)}$，此公式的适用条件是什么？

（2）测定溶液电导率时为什么要保持恒温？

（3）结合本实验结果分析 κ、Λ_m、α 及 $K^{\ominus}$ 如何随电解质浓度的变化而变化。

七、实验拓展与讨论

乙酸电离平衡常数的测定还可以用 pH 值法，试对这两种方法加以比较。

附录 8　电导率仪

电导率仪是电化学实验中常用的分析仪器，可以直接测得溶液电导率，适用于实验室取样测量纯水、超纯水及电解质水溶液的导电能力。电导率仪广泛应用于电子、制药、食品、化工等行业水溶液电导率的测量中。

一、测量原理

附图 8-1 是电导率仪测量的块型原理图，图中电阻 R_A、R_B，电阻箱 R_m，待测电阻 R_x 与检流计 G_m 构成惠斯通（Wheatstone）电桥。稳压电源输出一个稳定的直流电压，供给振荡器和放大器，使它们工作在稳定状态。振荡器由于采用了电感负载式多谐振荡电路，具有很低的输出阻抗，其输出电压不随电导池电阻 R_x 的变化而变化，从而为电阻分压回路提供一个稳定的音频（140 Hz、1 100 Hz）标准电压 V。

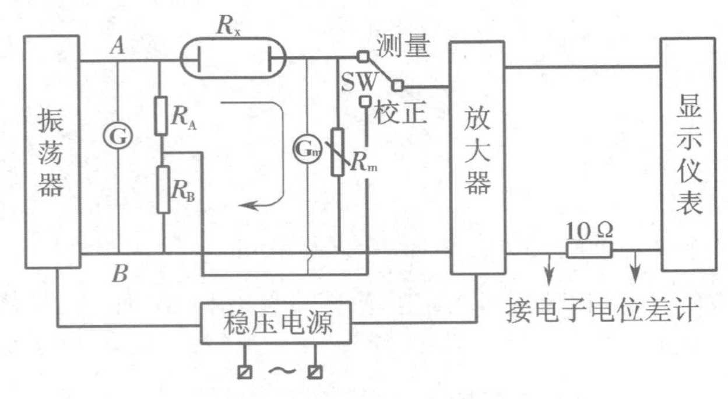

附图 8-1　电导仪测量原理

根据欧姆定律

$$I_x = V/(R_x+R_m)$$

由于 V、R_m 都是恒定不变的，假设 $R_m<<R_x$，可得

$$I_x \propto 1/R_x$$

由上式可看出，测量电流 I_x 正比于电导池两极间溶液的电导 $1/R_x$，由此可把对溶液的电导 $1/R_x$ 的测量变换为对电流 I_x 的测量。调节测量电阻箱 $R_m<<R_x$，当 I_x 流过 R_m 时，即产生电压降 $V_m=I_xR_m$。因 R_m 一经设定后固定不变，所以 $V_m \propto I_x$。放大器的任务是将 V_m 线性放大，再通过仪表显示出来。由于 $1/R_x$、I_x、V_m 与仪表的刻度之间都是正比关系，因此仪表刻度可直接用电导值来表示。在放大器的输出回路上串联一个 10 Ω 的标准电阻，从这个电阻两端可输出一个毫伏级的直流电压信号，以供电子电位差计记录，把电导随时间的变比直接显示出来。

二、使用方法

不同厂家的电导率仪的面板设计差别很大，但基本上都包括温度旋钮、电极常数旋钮、调零旋钮、校正/量程选择开关、电导/温度选择键、低频/高频选择键。

即使同一厂家的不同型号的电导率仪，其面板设计也不一样，使用方法也不尽相同。本教材的实验九、十三、十四共三个实验需要用到电导率仪，本实验室选用了上海仪电科学仪器股份有限公司的 DDS-307 和 DDSJ-308A 两种型号的仪器。因此，下面就分别介绍这两种型号的电导率仪的基本操作步骤。附图 8-2 是 DDS-307 和 DDSJ-308A 两种型号的电导率仪的面板示意图。

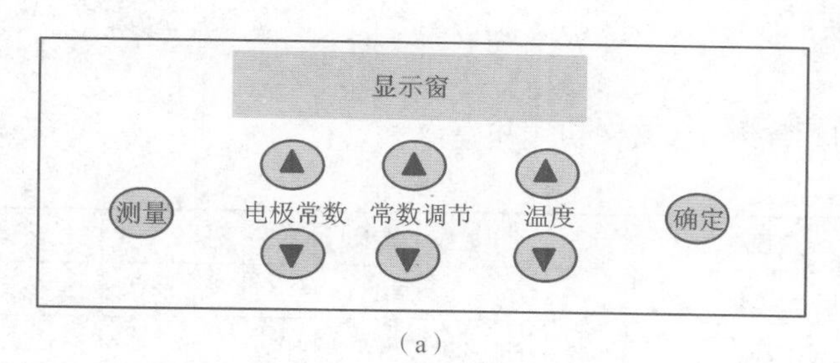

（a）

显示窗
模式 查阅 标定 ▲ 确认
打印1 贮存 电极常数 ▼ 取消
打印2 删除 温补系数 保持 开/关

（b）

附图 8-2　DDS-307 和 DDSJ-308A 电导率仪面板示意

（a）DDS-307　（b）DDSJ-308A

1. DDS-307 精密电导率仪的简要操作步骤

（1）接通电源：打开电源开关，仪器进入测量状态，预热 20 min。

（2）设置温度：在测量状态下，按“温度”键将温度设置为 25 ℃。在实验过程中不再调整温度。

（3）标定电极常数：将电极空载（不放入溶液中），按下电极常数“▲”或“▼”键，电极常数的显示值在 10、1、0.1、0.01 之间转换，本实验选择“1”并按下“确定”键。再按“▲”或“▼”键，使得仪器上常数数值显示出电极上标出的数值（如 1.112 或 0.998），然后按下“确定”键。

（4）测量：将电极放入被测溶液中，此时仪器显示的数值就是被测溶液在实验温度下的电导率值（注意单位）。

2. DDSJ-308 A 精密电导率仪的简要操作步骤

（1）接通电源：打开电源开关，仪器进入测量状态，预热 20 min。

（2）标定电极常数：将电极空载（不放入溶液中），按下电极常数“▲”或“▼”键，使得仪器上常数数值显示出电极上标出的数值（如 1.112 或 0.998），然后按下“确认”键。

（3）标定零点：将电极空载（不放入溶液中），按下“标定”键，调节“▲”或“▼”键，使得仪器中间大号数字显示为“0.000”，然后按下“确认”键。

（4）测量：将电极、测温探头（连在一起的）放入被测溶液中，此时仪器显示的数值就是被测溶液在实验温度下的电导率值（注意单位）。

三、注意事项

（1）按下表正确选择频率、量程和配套电极。

频率	量程	电导率范围/（μS/cm）	配套电极
低频	$\times 1$	0.001~1.999	DJS-1（白）
	$\times 10$	$0.01\sim1.999\times10$	DJS-1（白）
	$\times 10^2$	$0.1\sim1.999\times10^2$	DJS-1（白）
高频	$\times 10^3$	$1\sim1.999\times10^3$	DJS-1（黑）
	$\times 10^4$	$10\sim1.999\times10^4$	DJS-1（黑）
	$\times 10^5$	$100\sim1.999\times10^5$	DJS-1（黑）

（2）每次将电极、测温探头放入待测溶液前都要用去离子水冲洗，然后用滤纸条轻轻吸干，一定不要擦拭。

（3）实验结束后要把电极、测温探头用去离子水冲洗干净，然后放回专门放电极的锥形瓶中。

（4）实验结束后，记得关闭仪器的电源开关。

（5）仪表上电导率单位的换算关系为 $1\ S/m = 10^{-2}\ S/cm = 10\ mS/cm = 10^4\ \mu S/cm$；电导率 $1\ \mu S/cm$ 相当于电阻率 $1\ M\Omega\cdot cm$，电导率 $1\ mS/cm$ 相当于电阻率 $1\ k\Omega\cdot cm$。

实验十　电池电动势的测定及应用

一、实验目的

（1）通过电动势的测定熟悉电位差计的使用方法。

（2）通过测定电池的电动势计算电极电势及难溶盐的溶度积。

二、实验原理

电池由正、负两极组成，电池在放电过程中，正极发生还原反应，负极发生氧化反应。电池的书写习惯是左方为负极，右方为正极。如果电池反应是自发的，则电池电动势为正数。

扫一扫：电池电动势的测定

电池电动势是两个电极电势的代数和。当电极电势均以还原电势表示时，有

$$E = E_{右} - E_{左} \quad 或 \quad E = E_{+} - E_{-} \tag{10-1}$$

电极电势的大小与电极的性质、溶液中有关离子的活度及温度有关，根据能斯特（Nernst）公式，有

$$E = E^{\ominus} - \frac{RT}{zF} \ln \frac{a(还原态)}{a(氧化态)} \tag{10-2}$$

式中：$E^{\ominus}$为该电极的标准电极电势，与温度有关，V；z 为得失电子数；R 为摩尔气体常数（8.314 J/(mol·K)）；F 为法拉第常数（96 485.309 C/mol）；T 为绝对温度，K；a（氧化态）和 a（还原态）为该电极反应中氧化态物质和还原态物质的活度。

本实验欲测定以下两个电池的电动势：

（1）$Hg, Hg_2Cl_2(s) | KCl(饱和) || AgNO_3(0.02\ mol/kg) | Ag$

（2）$Ag, AgCl(s) | KCl(0.02\ mol/kg) || AgNO_3(0.02\ mol/kg) | Ag$

进行电池电动势的测量时，为了使电池反应在接近热力学可逆条件下进行，要求设计的电池尽量避免液体接界。一般在精确度要求不高的测量中，常用盐桥来减小液体接界电势。盐桥是一种由正、负离子迁移数比较接近的盐类溶液构成的桥，用来连接直接接触会产生显著液体接界电势的两种液体。盐桥的制备参见附录 9。常用的盐桥有 KCl、KNO_3、NH_4NO_3 等。即使用了盐桥，液体接界电势仍在 0.1 mV 数量级，还是不能满足精确测量的要求。此外，电池电动势的测量还必须在准平衡态下进行，此时只能有无限小的电流通过电池，因此不能用伏特计来测量，而要用电位差计测量。电位差计的测量原理和方法参见附录 10。

在本实验中，电池（1）的电动势为

$$E_1 = E_{Ag电极} - E_{饱和甘汞电极} \tag{10-3}$$

而饱和甘汞电极的电极电势与温度的关系为

$$E_{饱和甘汞电极}/\mathrm{V} = 0.241\,2 - 0.000\,66(t/℃ - 25) \tag{10-4}$$

式中 t 为测定电极电势的温度，单位为℃。

因此测出 E_1 后，再由式(10-4)求出该温度下的 $E_{饱和甘汞电极}$，即可求出 $E_{Ag电极}$ 的值。

电池(2)中的负极由 Ag 浸在含有 AgCl(镀在 Ag 电极上)的 KCl 溶液中形成，即为 Ag 和浓度极小的 Ag^+所形成的电极。其中 Ag^+的浓度由 Cl^- 控制，这是由于在一定温度下 $a_{Ag^+}a_{Cl^-} = K_{AgCl}$($K_{AgCl}$ 是 AgCl 的活度积，在指定温度下为一个常数)。正极是 Ag 浸在较浓的 Ag^+溶液中所形成的电极，这两个电极所组成的电池实际上是一个浓差电池，其电动势为

$$E_2 = \frac{RT}{zF}\ln\frac{a''_{Ag^+}}{a'_{Ag^+}} \tag{10-5}$$

将一定温度下 $a'_{Ag^+} = \dfrac{K_{AgCl}}{a'_{Cl^-}}$ 及活度 a 的定义式 $a = \gamma b/b^{\ominus}$ 代入式(10-5)得

$$E_2 = \frac{RT}{F}\ln\frac{a''_{Ag^+}a'_{Cl^-}}{K_{AgCl}} = \frac{RT}{F}\ln\left(\frac{\gamma''_+ b''_+}{b^{\ominus}}\cdot\frac{\gamma'_- b'_-}{b^{\ominus}}\cdot\frac{1}{K_{AgCl}}\right) \tag{10-6}$$

式中：b_+''、γ_+'' 为 $AgNO_3$ 溶液中 Ag^+的浓度及活度系数；b_-'、γ_-' 为 KCl 溶液中 Cl^- 的浓度及活度系数。

实验测得电池(2)的电动势 E_2，且已知 b_+''、γ_+''、b_-'、γ_-'，就可计算出该温度下 AgCl 的活度积 K_{AgCl}。

电解质稀溶液的离子活度系数和电解质的平均活度系数可用德拜-休克尔(Debye-Huckel)极限公式计算。对于 1~1 型强电解质，当浓度为 0.02 mol/kg 时，$\gamma_+ = \gamma_- = \gamma_\pm = 0.86$。

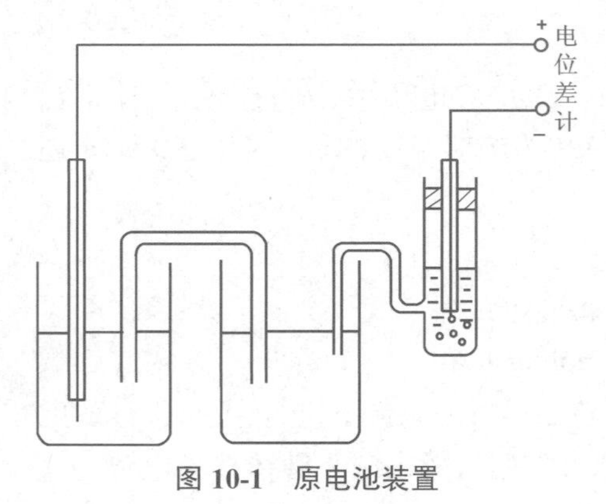

图 10-1　原电池装置

三、实验仪器及试剂

SDC-Ⅱ型数字电位差综合测试仪(见附录 10)、原电池(按图 10-1 组装)、AgCl 电极、饱和甘汞电极、Ag 电极、盐桥(KNO_3)、100 mL 量筒、小烧杯 3 个、KCl 饱和溶液、$AgNO_3$ 溶液(0.020 0 mol/kg)、KCl 溶液(0.020 0 mol/kg)。

四、实验步骤

(1)电极的准备。

①饱和甘汞电极：饱和甘汞电极的制备参见附录 11(实验室已备好)。

② Ag 电极：先用砂纸将 Ag 电极表面擦亮，再用少量 0.02 mol/kg $AgNO_3$ 溶液冲洗，然后插入装有 30 mL 0.02 mol/kg $AgNO_3$ 溶液的烧杯

扫一扫：数字电位差计

中即可。

③ AgCl 电极：AgCl 电极的制备参见附录 11（实验室已备好）。将 AgCl 电极插入盛有 30 mL 0.02 mol/kg KCl 溶液的烧杯中即可。

（2）按附录 10 中电位差计的使用方法接好线路，将所有的开关都置于“关”的位置，经教师检查无误后，方可接通电源。

（3）将电位差计标准化。用检零调节和内标或外标使电位差计标准化，使用时须注意：用外标时切不可连续使用标准电池，使其长久通电，从而影响标准电池的电动势值；在使用检零调节按钮时，也要短暂地、断续地调节。另外，标准电池切不可倒置，不可振荡，否则会损坏电池。

（4）分别测定下列两个电池的电动势。

E_1：① Hg，Hg_2Cl_2（s）| KCl（饱和）|| $AgNO_3$（0.02 mol/kg）| Ag

E_2：② Ag，AgCl（s）| KCl（0.02 mol/kg）|| $AgNO_3$（0.02 mol/kg）| Ag

五、实验记录及数据处理

（1）记录室温、大气压以及所得 E_1 和 E_2 值。

（2）按式（10-4）计算饱和甘汞电极在室温下的电极电势 $E_{饱和甘汞电极}$。

（3）由 E_1 求出室温下 Ag 电极（0.02 mol/kg）的电极电势 $E_{Ag 电极}$。

（4）由 E_2 及 KCl 和 $AgNO_3$ 溶液的浓度，按式（10-6）计算实验温度下 AgCl 的活度积 K_{AgCl}。

实验中的注意事项如下。

（1）注意盐桥的方向，有标记的一端始终与含 Cl^- 的溶液接触。

（2）测定完毕后，将溶液倒入指定的回收瓶中，切不可倒入水槽中。

（3）用完盐桥后需将其两端淋洗后浸入 KNO_3 溶液中保存。

（4）将 Ag 电极和 AgCl 电极放回原处保存。

六、思考题

（1）为何电动势的测定要用对消法？

（2）标准电池的作用是什么？使用时应注意哪些事项？

（3）影响电极电势的因素有哪些？

（4）本实验中应用的电极共有几种类型？

（5）应用盐桥的目的是什么？对制备盐桥的电解质有何要求？本实验能否用 KCl 做盐桥？

（6）在什么情况下正负离子的活度系数等于电解质的平均活度系数，即 $\gamma_+ = \gamma_- = \gamma_\pm$？

七、实验拓展与讨论

（1）在实验过程中，从电位差计可以读出小数点后第 5 位的数据，但该数据有时会发生漂移，试讨论：本实验所测两个电池的电动势需要准确到小数点后第 5 位吗？为什么？

（2）可逆电池的热力学函数与电池电动势有密切的关系。试设计一个实验，测定本实验中的电池①、②在实验温度下的热力学函数 $\Delta_r H_m$、$\Delta_r G_m$ 和 $\Delta_r S_m$。

附录 9　盐桥的制备

许多方法可以降低液体接界电势,其中一种较好且方便的方法为盐桥法。

最常用的是 3%洋菜-饱和 KCl 盐桥。将盛有 3 g 洋菜和 97 mL 蒸馏水的烧瓶放在水浴中加热(切忌直接加热),直到完全溶解。然后加入 30 g KCl,充分搅拌。待 KCl 完全溶解后,趁热用滴管或虹吸管将此溶液装入已事先弯好的玻璃管中静置,待洋菜凝结后便可使用。多余的洋菜-KCl 溶液用磨口瓶塞盖好,用时可重新使用水浴加热。

所用 KCl 和洋菜质量要好,以避免玷污溶液。最好选用凝固时为白色的洋菜。

高浓度的酸、氨都会与洋菜反应,破坏盐桥,玷污溶液。遇此种情况,不能采用洋菜-KCl 盐桥。

洋菜-KCl 盐桥也不能用于含 Ag^{+}、Hg^{2+}等与 Cl^{-} 作用的离子或含有 ClO^{-} 等与 K^{+}作用的离子的溶液中。遇到此种情况,应换其他电解质配制盐桥。

对于能与 Cl^{-} 作用的溶液,可采用 $Hg|Hg_2SO_4$-饱和 K_2SO_4 电极与 3%洋菜-1 mol/L K_2SO_4 的盐桥。对于含有浓度大于 1 mol/L 的 ClO_4^{-} 的溶液,则可采用汞|甘汞-饱和 NaCl 或 LiCl 电极与 3%洋菜-1 mol/L NaCl 或 LiCl 的盐桥。

此外,也可用 NH_4NO_3 或 KNO_3 盐桥。其优点是正、负离子的迁移数较接近,缺点是与常用的各种电极无共同离子,因而在共同使用时会改变参比电极的浓度和引入外来离子,从而可能改变参比电极电势。

附录 10　电位差计

电位差计在物理化学实验中的应用非常广泛，首先它可用于测定电动势和校正各种电表；其次，它可作为输出可变的精密稳压电源；最后，有些电位差计中的滑线电阻可单独用作电桥的桥臂。国产电位差计型号很多，一般分低电阻电位差计（如学生型电位差计）、高电阻电位差计和 SDC-Ⅱ型数字电位差计。

一、测量原理

电位差计是按照对消法测量原理设计的一种平衡式电压测量仪器，在测量中几乎不损耗被测对象的能量，且具有很高的精确度。它与标准电池检流计等相配合成为电压测量中最基本的测试设备。

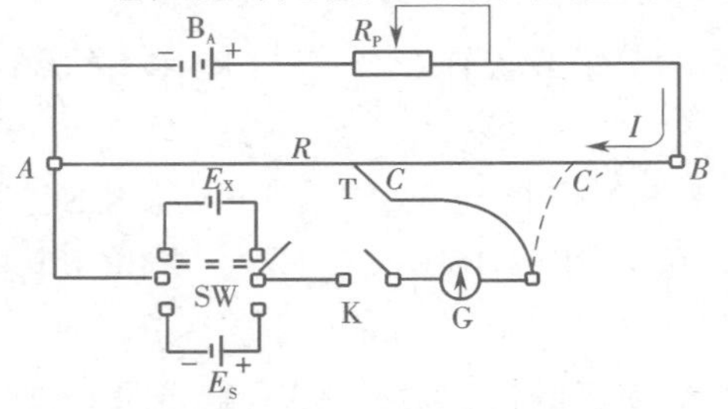

附图 10-1　对消法测量原理

对消法测量原理如附图 10-1 所示，测量电路可以分为工作电流回路和测量回路两部分。

在工作电流回路中：工作电流 I 由工作电池 B_A 的正极流出，经过可变调定电阻 R_P、滑线电阻 R，返回 B_A 的负极。如果工作电流是稳定的，则可在滑线电阻 A、B 两端形成一个稳定的电压降。滑线电阻丝的直径要求均匀，这样由 A 至 B，电阻值随长度的增加而线性增大，滑线电阻上的电压降亦随电阻丝长度按比例增大。如 $R = 1\,500\ \Omega$，将 R 的全长等分为 1 500 小格，则每小格的电阻 $r = 1\ \Omega$。借助调定电阻 R_P 将工作电流 I 调至 1.000 mA，则整根电阻丝上的电压 V_{AB}=1 500 mV，每小格电阻丝上的电压差 $Ir = 1$ mV。这样的工作电流回路就变成一个测量电压差的量具，其测量范围为 0~1 500 mV。上述工作电流的调节过程称为“标定”。其关键是必须使工作电流准确到 1.000 mA，这需借助标准电池的电动势来确定。

测量回路是由标准电池 E_S、被测电池 E_X、双刀双掷开关 SW，电键 K、检流计 G、滑动触点 T 以及滑线电阻 A~C 段的电阻丝等组成。在进行工作电流标定时，先将 SW 合向 E_S，如果 E_S 的电动势为 1.018 V，则将 T 置于滑线电阻上离 A 点 1 018 小格的 C 处，如电流 I 已被调定至 1.000 mA，则 A~C 段的电压差 V_{AC} 应等于 1.018 V，与 E_S 值相等。由于 E_S 的正、负极与 E_{AC} 抵消，所以按下 K 键，检流计 G 应显示没有电流通过，这表明工作电流的标定已完成。如 $I \neq 1.000$ mA，则 $V_{AC} \neq E_S$，检流计的指针或光点发生偏转，根据偏转方向来判断调定电阻 R_p 应增大还是减小，调至电流 I 被标定为止。

标定后的工作电流回路就可用来测定未知电势 E_X 了。将 SW 合向 E_X，如 E_X 值预先无法估计，可将 T 置于 R 的中段，按一下 K 键，根据检流计 G 的偏转方向判断 T 应向哪个方向移动。只要 E_X 值不大于 V_{AB}，且正、负极未接错，则通过多次试测，必定可在 R 上找出一点 C'，这时按一下 K 键，检流计 G 不偏转，C' 为补偿点，证明 $V_{AC'}$ 已与 E_X 抵消，读出 A~C' 的长度值，即得到 E_X 值。

以上仅是对消法的基本测量原理，实际电路要复杂得多。下面介绍实验室中使用的电位差计。

二、数字电位差计（以SDC-Ⅱ型为例）

SDC-Ⅱ型数字电位差综合测试仪是将UJ系列电位差计、光电检测计、标准电池、电池及各种开关等仪器仪表用现代先进的科学技术集成于一体的综合性仪器。该仪器面板示意如附图10-2所示。

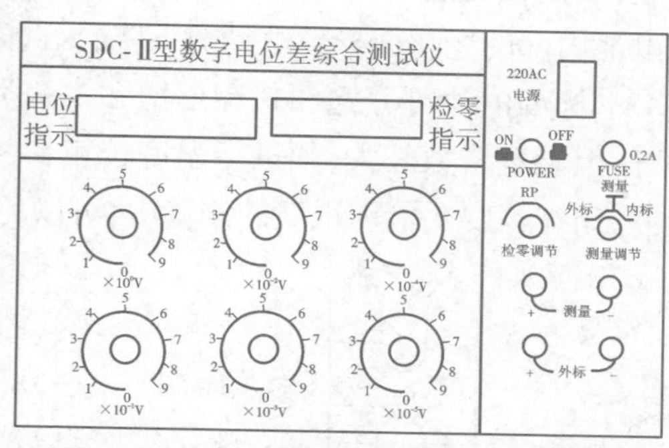

附图10-2　SDC-Ⅱ型数字电位差综合测试仪面板示意

该仪器的使用方法如下。

（1）将被测电动势按“+”“-”极性与对应测量端子连接。

（2）将仪器和交流220 V电源连接，开启电源，预热3 min。

（3）采用“内标”校验时，将“测量调节”旋钮置于“内标”位置，调节“$\times 10^0$ V”旋钮到1，其余五个旋钮都保持在零位，使“电位指示”显示“1.000 00 V”；然后调节“检零调节”旋钮，使“检零指示”显示“0000”。

（4）采用“外标”校验时，将外标电池的“+”“-”极性和面板“外标”对应端子连接，并将“测量调节”旋钮置于“外标”位置，依次调节“$\times 10^0$ V”~“$\times 10^{-5}$ V”六个旋钮，使“电位指示”显示的数值与外标电池值相同（通常应对外标电池进行温度校验，否则将影响测量精度），然后调节“检零调节”旋钮，使“检零指示”显示的数值接近“0000”。

（5）将被测电池按“+”“-”极性和面板“测量”对应端子连接好，并将“测量调节”旋钮置于“测量”位置，首先调节“$\times 10^0$ V”旋钮为0，此时“检零指示”显示“OUL”，代表电流超量程；然后从1开始调节“$\times 10^{-1}$ V”旋钮使数值逐渐加大，此时“检零指示”从“OUL”逐渐转为负值，当调节“$\times 10^{-1}$ V”旋钮到某一数值（例如数值5）后，“检零指示”从负值变为正值，代表此时的电势值大于电流为0时的电势值，再把“$\times 10^{-1}$ V”旋钮调回到前一个位置（如5-1=4，即数值4）；之后按照相同的方法依次调节“$\times 10^{-2}$ V”“$\times 10^{-3}$ V”“$\times 10^{-4}$ V”“$\times 10^{-5}$ V”四个旋钮，直到“检零指示”显示“0000”，此时“电位指示”显示的数值即为被测电动势值。

三、电位差计附件介绍

1. 标准电池

在电化学、热化学实验的测量中，电势差或电动势这个量值常常具有热力学标准的含义，要求其具有较高的准确度。在实际工作中，标准电池作为电压测量的标准量具或工作量具，在直流电位差计电路中可以提供一个标准的参考电压。

标准电池的电动势具有很好的重现性和稳定性。所谓重现性是指不管在哪一地区只要严格地按照规定的配方和工艺进行制作,就能获得近乎一致的电动势,一般能重现到 0.1 mV,因此适合作为伏特标准进行传递。所谓稳定性是指两种情况:一是当电位差计电路内有微量不平衡电流通过该电池时,由于电极的可逆性好,电极电势不发生变化,电池电动势仍能保持恒定;二是在恒温条件下,在较长时期内电池电动势能保持基本不变。但如果时间过长,则会因电池内部的老化而导致电动势下降,因此须定期送计量局检定。

标准电池可分饱和式和不饱和式两类。前者可逆性好,因而电动势的重现性和稳定性均好,但温度系数较大,须进行温度校正,一般用于精密测量中;后者的温度系数很小,但可逆性差,用在精度要求不很高的测量中,可以免除烦琐的温度校正。

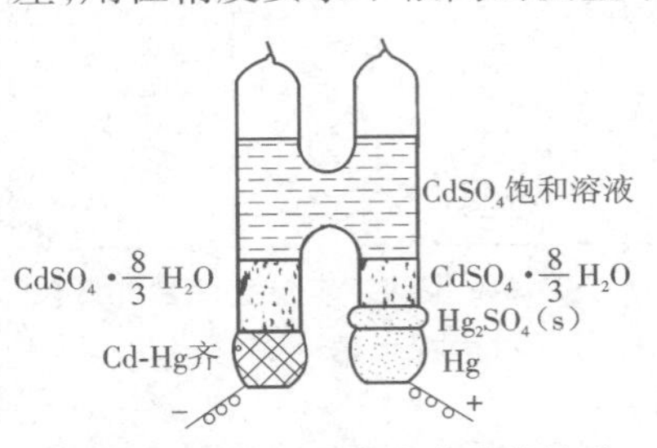

附图 10-3 饱和式标准电池的构造

饱和式标准电池的构造如附图 10-3 所示,可以表示为

Cd-Hg(12.5% Cd)|$CdSO_4\cdot 8/3H_2O$|$CdSO_4$(饱和)|$CdSO_4\cdot 8/3H_2O$|Hg_2SO_4(s)|Hg

其电池反应式为

负极: Cd(Cd-Hg 齐) $\rightleftharpoons$ $Cd^{2+} + 2e^-$

正极: $Hg_2SO_4 + 2e^- \rightleftharpoons 2Hg + SO_4^{2-}$

Cd(Cd-Hg 齐)+ $Hg_2SO_4 \rightleftharpoons CdSO_4 + 2Hg$

该电池的温度系数很小,温度和电动势的关系为

$$E_t/\mathrm{V} = E_{20}/\mathrm{V}[1-4.06\times10^{-5}(t/℃-20)-9.5\times10^{-7}(t/℃-20)^2]$$

一般在精密度不高的测量中,可只按前一项计算,即

$$E_t/\mathrm{V} = E_{20}/\mathrm{V}[1-4.06\times10^{-5}(t/\mathrm{V}-20)]$$

式中:E_{20}=1.018 3 V;t 为测量时的室温, ℃;E_t 为室温 t 时的标准电池电动势值,V。

使用标准电池时应注意:

①环境温度既不能低于 4 ℃,也不能高于 40 ℃,更不宜骤然改变;

②正、负极不能接错;

③要平稳拿取,水平放置,不应倒置和振摇;

④标准电池只做电动势的标器,不做电源。若电池短路或通过大于 0.000 1 A 的电流,则会损坏电池。只能极短暂地、间歇地使用。

⑤电池若未加套盖直接暴露于日光下,会使去极剂变质,导致电动势下降。

⑥不得用万用电表等直接测量标准电池的相关属性。

⑦每隔一两年检验一次标准电池的电动势。

2. 工作电池

工作电池要求输出电压稳定,工作电池的电压一般为 2~4 V,以容量较大的电池或稳压电源为宜。

3. 检流计

检流计主要用于平衡式电测仪器(如电位差计、电桥)中作为示零仪器,以及在光电测量、差热分析等实验中测量微弱的直流电流。关于检流计的构造和特性在此就不讨论了。

附录 11　常用参比电极的性质和制备

一、甘汞电极

甘汞电极是最常用的参比电极之一，其结构如下。

$Hg|Hg_2Cl_2(s)|KCl$ 溶液（被 Hg_2Cl_2 所饱和）

其电极反应式为

$$2Hg + 2Cl^- \rightleftharpoons Hg_2Cl_2 + 2e^-$$

因此平衡电极电势取决于 Cl^- 的活度。通常使用的 KCl 溶液的浓度有 0.1 mol/L、1.0 mol/L 及 4.2 mol/L（饱和式）三种，由此可将汞电极分为 0.1 mol/L 甘汞电极、1.0 mol/L 甘汞电极和饱和甘汞电极三种。它们在 25 ℃时的电极电势分别是+0.333 7 V、+0.280 1 V、+ 0.241 2 V。

附图 11-1 表示常见形式的甘汞电极。这种电极具有稳定的电势，随温度的变化很小。甘汞是难溶的化合物，在溶液中 Hg^+浓度的变化和 Cl^- 活度的变化有关，其电极电势与 Cl^- 活度的关系如下。

$$E = E^{\ominus} - (RT/zF)\ln a_{Cl^-}$$

式中：$E^{\ominus}$为甘汞电极的标准电极电势，25 ℃时 $E^{\ominus} = 0.268\ 0$ V。a_{Cl^-} 为溶液中 Cl^- 的活度。虽然饱和甘汞电极电势随温度的变化率稍大（约为 6.61×10^{-4} V/K），但饱和 KCl 溶液的浓度在温度固定时是一个常数，故常采用饱和甘汞电极。三种甘汞电极在 25 ℃时的电极电势和温度的关系如下。

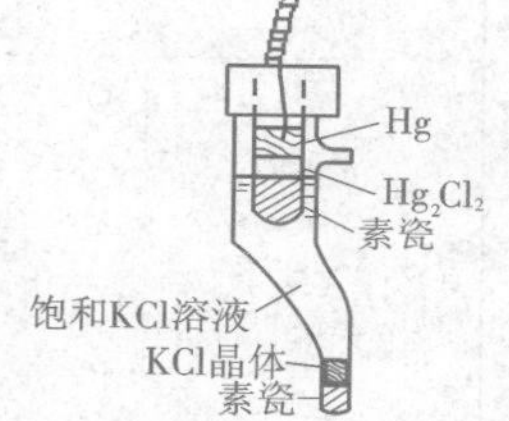

附图 11-1　甘汞电极构造示意

0.1 mol/L 甘汞电极：

$$E/V = 0.333\ 7 - 8.75 \times 10^{-5}(t/℃ - 25) - 3 \times 10^{-8}(t/℃ - 25)^2$$

1.0 mol/L 甘汞电极：

$$E/V = 0.280\ 1 - 2.75 \times 10^{-4}(t/℃ - 25) - 2.50 \times 10^{-6}(t/℃ - 25)^2 - 4 \times 10^{-9}(t/℃ - 25)^3$$

饱和甘汞电极：

$$E/V = 0.241\ 2 - 6.61 \times 10^{-4}(t/℃ - 25) - 1.75 \times 10^{-6}(t/℃ - 25)^2 - 9.0 \times 10^{-10}(t/℃ - 25)^3$$

饱和甘汞电极的制法：先取一支玻璃电极管，在管内底部焊接一根铂丝。取化学纯汞约 1 mL 加入洗净并烘干的电极管中，应全部浸没铂丝。另在一个小研钵中加入少许甘汞和纯净的汞，再加少量 KCl 溶液，研磨此混合物使其成为均匀的灰色糊状物，用小玻璃匙在汞表面上平铺一层此糊状物，然后注入饱和 KCl 溶液，静置 24 h 以上即可使用。在制备时要特别注意勿将甘汞的糊状物与汞相混，以免甘汞玷污铂丝，造成电极电势不稳定。

摩尔甘汞电极可用电解法制备：将纯汞放在干净的电极管内，然后插入一根洁净的铂丝，使铂丝全部浸入汞内。再用虹吸管吸入 1 mol/L 的 KCl 溶液，以汞极为阳极，以另一根铂（Pt）丝为阴极，进行电解，电解液也用 1 mol/L 的 KCl 溶液，调节可变电阻使阳极刚好有气泡析出，然后电解 15 min。电解后汞的表面产生一薄层 Hg_2Cl_2，为了避免产生 Hg^{2+}，在电解过程中需更换 KCl 溶液 3~4 次，保留最后一次加入的 KCl 溶液，即可使用。在使用时注意虹吸管内不可有气泡存在，并尽量避免摇动或振荡。

二、Ag-AgCl 电极

AgCl 电极也是常用的参比电极，其结构式为

$$Ag, AgCl(s)|KCl(溶液)$$

电极反应式为

$$Ag + Cl^- \rightleftharpoons AgCl + e^-$$

其电极电势取决于 Cl^- 的活度。AgCl 电极具有良好的稳定性和较好的重现性，无毒、耐震。其缺点是必须浸于溶液中，否则 AgCl 层会因干燥而剥落。另外，AgCl 遇光会分解，必须避光，不易保存。在不同温度下，AgCl 电极的标准电极电势值见下表：

t/℃	$E^{\ominus}$/V	t/℃	$E^{\ominus}$/V
0	+ 0.236 55	30	+ 0.219 04
5	+ 0.234 13	35	+ 0.215 65
10	+ 0.231 42	40	+ 0.212 08
15	+ 0.228 57	45	+ 0.208 35
20	+ 0.225 57	50	+ 0.204 49
25	+ 0.222 34	—	—

AgCl 电极可用下述两种方法制得。

1. 热分解法

（1）Ag_2O 的制备：称 31.55 g 氢氧化钡（$Ba(OH)_2 \cdot 8H_2O$）溶于 50 mL 无 CO_2 的蒸馏水中，待溶液澄清后装入滴定管。再称取 16.9 g $AgNO_3$ 溶于 150 mL 蒸馏水中。在强烈搅拌下将 $Ba(OH)_2$ 液滴加到 $AgNO_3$ 溶液中，滴加的速度不宜太快，以防止溶液吸收 CO_2。当有 Ag_2O 沉淀生成时停止滴加 $Ba(OH)_2$。用倾洗法洗涤 Ag_2O：在 250 mL 烧杯中，每次加水约 150 mL，搅拌 0.5 h，澄清后倾清液，如此洗涤 30~40 次，直至清液通过焰色检查无绿色火焰为止。

（2）将直径为 0.5 mm、长 2~3 cm 的铂丝绕成 2~3 圈（圈的直径约为 1 mm），封入玻璃管的一端，然后放在浓 HNO_3 中煮几分钟，用水冲洗后，放在蒸馏水中煮沸几分钟。

（3）将上面制得的 Ag_2O 用滤纸吸至表面半干，用一根清洁的细玻璃棒将 Ag_2O 涂在铂丝上，Ag_2O 涂层应紧密、光滑。将涂好的铂丝样品放入高温炉中，逐渐升温。在 100 ℃以下保持 0.5~1 h，随后匀速升温至 450 ℃，并在此温度下维持 0.5 h。电极保存在炉中，逐渐冷却至室温。然后采用同样方法进行涂敷，直到还原的 Ag 表面没有龟裂为止。

（4）将上面制得的半成品放入 0.1 mol/L HCl 溶液中做阳极，以一个 Pt 电极为阴极，在 10 mA 的电流下进行电解，使 15%~20%的 Ag 变成 AgCl（假定电流效率是 100%）。使用的 KCl 最好先经过电解提纯。

（5）将电解完毕的 AgCl 电极浸在 0.1 mol/L HCl 溶液中并放在暗处。24 h 后，待电极电

势稳定后即可使用。

2. 电镀法

待镀电极可选用螺旋形的铂丝或银丝。如果用铂丝，则先用 HNO_3 溶液洗净后再用蒸馏水洗，若用银丝，则用丙酮洗去其表面的油污；若银丝上已镀 AgCl，则先用氨水洗净，再用蒸馏水洗净，以免影响镀层质量。

制备时先镀银。所用镀银溶液可按下法配制：$AgNO_3$ 3 g、KI 60 g、氨水 7 mL 加水配成 100 mL 溶液。以待镀电极为阴极，再以一根铂丝为阳极，电压 4 V，串联一个约 2 000 Ω 的可变电阻，用 10 mA 电流电镀 0.5 h 即可。

镀好的 Ag 电极先用蒸馏水仔细冲洗，然后将此 Ag 电极作为阳极，将铂丝作为阴极，在 1 mol/L HCl 溶液中电镀一层 AgCl（电流密度为 2 mA/cm^2，通电约 30 min），接着用蒸馏水清洗，最后制得的电极呈紫褐色。制好的电极需要 24 h 或更长时间才能达到平衡。电极需在棕色瓶中存放，以免 AgCl 见光分解。

实验十一　蔗糖水解反应速率常数的测定

一、实验目的

（1）测定蔗糖水解反应速率常数。

（2）了解旋光仪的基本原理与结构，并熟悉其使用方法。

二、实验原理

蔗糖水解反应式为

$$\underset{（蔗糖）}{C_{12}H_{22}O_{11}} + H_2O \xrightarrow{H^+} \underset{（葡萄糖）}{C_6H_{12}O_6} + \underset{（果糖）}{C_6H_{12}O_6}$$

扫一扫：蔗糖水解反应速率常数的测定

这是一个二级反应，在纯水中反应速率很小，通常在 H^+的催化作用下进行。由于反应时水是大量存在的，尽管有部分水分子参加了反应，仍可近似认为整个反应过程的水浓度是恒定的。而且 H^+是催化剂，其浓度也保持不变，因此蔗糖水解反应可看作一级反应，其动力学方程式为

$$-\mathrm{d}c/\mathrm{d}t = kc$$

式中：k 为反应速率常数；c 为时间 t 时的反应物浓度。上式积分得

$$\ln c = -kt + \ln c_0 \tag{11-1}$$

式中 c_0 为反应开始时的蔗糖浓度。

蔗糖及其水解产物都有旋光性，但是它们的旋光能力不同，故可以利用系统检测在反应过程中旋光度的变化来量度水解反应的进程。

测量物质旋光度所用的仪器称为旋光仪。溶液的旋光度与溶液中所含旋光物质的旋光能力、溶剂性质、溶液的浓度、样品管长度、光源波长及温度等均有关系。当其他条件均固定时，旋光度 α 与反应物浓度 c 呈线性关系，即

$$\alpha = Kc \tag{11-2}$$

式中比例常数 K 与物质的旋光能力、溶剂性质、样品管长度、温度等有关。

物质的旋光能力用比旋光度来量度，通常规定以钠光 D 线（波长为 5 890~5 896 Å）和 20 ℃为标准条件，以符号$[\alpha]_D^{20}$表示。作为反应物的蔗糖是右旋性物质，其比旋光度$[\alpha]_D^{20} = 66.65°$；生成物中葡萄糖也是右旋性物质，其比旋光度$[\alpha]_D^{20} = 52.5°$，但果糖是左旋性物质，其比旋光度$[\alpha]_D^{20} = -91.9°$。由于生成物中果糖的左旋性比葡萄糖的右旋性大，所以生成物呈现左旋性质。因此随着反应的进行，体系的右旋角不断减小，反应至某一瞬间，体系的旋光度恰好等于零，而后就变成左旋，直至蔗糖完全水解，这时左旋角达到最大值 α_∞。

设最初系统的旋光度为 α_0（$t = 0$ 时，$c = c_0$），则

$$\alpha_0 = K_{反} c_0$$

式中 $K_{反}$ 为反应物的比例常数。最终体系的旋光度为 α_∞（$t \to \infty$ 时，$c_\infty = 0$），则

$$\alpha_\infty = K_{生} c_0$$

式中 $K_{生}$ 为生成物的比例常数，则而时间为 t 时，蔗糖浓度为 c，此时旋光度为

$$\alpha_t = K_{反} c + K_{生}(c_0 - c)$$

整理得 $\alpha_t = (K_{反} - K_{生})c + K_{生} c_0$

而 $c_0 = \alpha_\infty / K_{生}$

故 $\alpha_t = (K_{反} - K_{生})c + K_{生} \alpha_\infty / K_{生}$

整理得 $c = (\alpha_t - \alpha_\infty)/(K_{反} - K_{生})$

令 $1/(K_{反} - K_{生}) = K'$，有

$$c = K'(\alpha_t - \alpha_\infty) \tag{11-3}$$

同理可解出

$$c_0 = (\alpha_0 - \alpha_\infty)/(K_{反} - K_{生}) = K'(\alpha_0 - \alpha_\infty) \tag{11-4}$$

将式（11-3）和式（11-4）代入式（11-1）得

$$\ln(\alpha_t - \alpha_\infty) = -kt + \ln(\alpha_0 - \alpha_\infty) \tag{11-5}$$

由式（11-5）可以看出，若以 $\ln(\alpha_t - \alpha_\infty)$ 对 t 作图，图形为一条直线，其斜率等于 $-k$，由此可求出反应速率常数 k。

扫一扫：目视旋光仪

三、实验仪器及试剂

目视旋光仪、秒表、100 mL 锥形瓶 2 个、25 mL 移液管 2 支、20%蔗糖水溶液、3 mol/L HCl 溶液。

四、实验步骤

（1）用蒸馏水校正仪器的零点。校正方法参见附录 12。

（2）反应过程中旋光度的测定：用移液管吸取 25 mL 20%蔗糖溶液，放入干燥的 100 mL 锥形瓶内；再用另一支移液管吸取 25 mL 3 mol/L HCl 溶液，边滴加边小心摇动装有蔗糖溶液的锥形瓶，当酸液由移液管流出一半时，按下秒表，开始记录时间。待所有酸液加完后，迅速用此混合液冲洗旋光管 2 次，然后注入旋光管至加满；旋紧管盖，压紧玻璃片，注意不能有气泡；随后测定样品的旋光度（参见附录 12）。最好能在反应开始的 1~2 min 内测出第 1 个数据，然后每隔 5 min 测 1 次旋光度，直至反应 1 h 后，因反应速度渐慢而改为 10 min 测 1 次。待呈现左旋后，再测 2 次样品的旋光度即可停止。

（3）α_∞ 的测量：反应进行到左旋后，将旋光管内的溶液与锥形瓶内剩余的混合液合并，再将合并后的混合液置于 50~60 ℃水浴内温热 30 min，然后冷却至与反应过程相同的室温，并在室温下测量其旋光度即为 α_∞ 值。**必须注意：**①水浴温度不可过高，否则将发生副反应，溶液颜色变黄；②在温热过程中盖好塞子，避免溶液蒸发影响浓度而造成 α_∞ 值的偏差。

由于反应溶液的酸度很大,因此旋光管一定要擦净后才能放入旋光仪,以免腐蚀旋光仪。实验结束后,一定要将旋光管冲洗干净。注意不要将小玻璃片倒入水槽中。

五、实验记录及数据处理

室温: 大气压:

旋光仪零点误差: 旋光管长: $\alpha_\infty=$

t/mm	
α_t	
$\alpha_t-\alpha_\infty$	
$\ln(\alpha_t-\alpha_\infty)$	

(1)以 $\ln(\alpha_t-\alpha_\infty)$为纵坐标,以 t 为横坐标作图,由直线的斜率求速率常数 k 值。

(2)用外推法求得 $\ln(\alpha_0-\alpha_\infty)$后,代入 $\ln(\alpha_t-\alpha_\infty)=-kt+\ln(\alpha_0-\alpha_\infty)$中计算各个时刻 t 的反应速率常数 k 值,求出平均值,并与(1)求得的 k 值比较。

六、思考题

(1)$c(H^+)$对反应速率常数有无影响?

(2)将混合次序颠倒,即将蔗糖溶液倒入酸中是否可以?为什么?

(3)若旋光仪有零位误差,在本实验中有无必要对每次测得的旋光角读数加以校正?

(4)能否使用混浊的蔗糖溶液?

(5)为什么装有反应液的旋光管中要保证无气泡?

(6)把所测得的旋光角再旋转 90° 时,视野里能看到什么现象?

七、实验拓展与讨论

(1)测定旋光度的用途有:鉴定物质的纯度;测定物质在溶液中的浓度或含量;进行光学异构体的鉴别等。

(2)古根海姆(Guggenheim)曾经推导出了不需测定反应终了浓度(即本实验中的 α_∞)就能够计算一级反应速率常数的方法,即在一定的时间间隔 Δt 内测得一系列数据。在反应时间 t 及 $t+\Delta t$ 时间内的反应浓度分别为 c 及 c',则以 $\ln(c-c')$对 t 作图,即可由直线的斜率求出 k。试查找文献,学习其推导思路和过程。

附录 12　旋光仪

通过对某些分子的旋光性进行研究，可以了解其立体结构的许多重要规律。所谓旋光性就是指某一物质在一束平面偏振光通过时能使其偏振方向转过一个角度的性质，这个角度称为旋光度，其方向和大小与该分子的立体结构有关。在溶液状态下，旋光度还与溶液浓度有关。旋光仪就是用来测定平面偏振光通过具有旋光性的物质时旋光度的方向和大小的。

一、旋光仪的构造

旋光仪的主要构造可分为起偏振器和检偏振器两部分：起偏振器由尼科尔棱镜（Nicol prism）构成，其功能为使具有各向振动的可见光起偏振，它固定在仪器的前端；检偏振器用来测定光的偏振面的转动角度，它由另一个人造偏振片粘在两块防护玻璃中间，随同刻度盘一起转动的机械系统组成。旋光仪构造示意见附图 12-1。

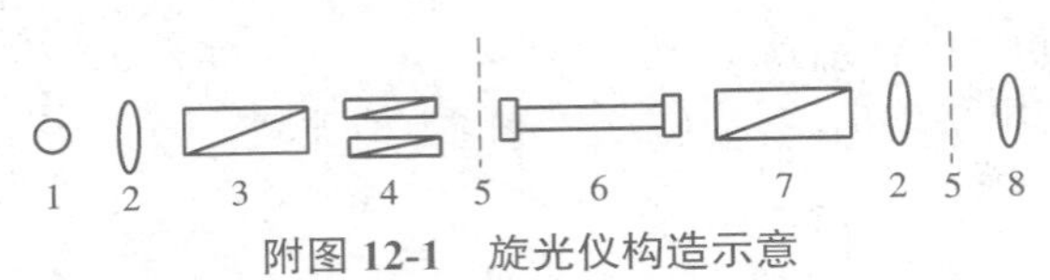

附图 12-1　旋光仪构造示意

1—光源；2—透镜；3—起偏镜；4—辅助起偏镜；5—光栅；6—旋光管；7—检偏镜；8—目镜

二、工作原理

1. 平面偏振光的产生

一般光源辐射的光，其光波在垂直于传播方向的一切方向上振动，这种光称为自然光。当一束自然光通过双折射的晶体（方解石）时，就会分解为两束互相垂直的平面偏振光，如附图 12-2 所示。这两束平面偏振光在晶体中的折光率不同，因而其临界折射角也不同。利用这个差别可以将这两束光分开，从而获得单一的平面偏振光。尼科尔棱镜就是根据这一原理设计的，它是将方解石晶体沿一定对角面剖开，再用加拿大树胶黏合而成，如附图 12-3 所示。

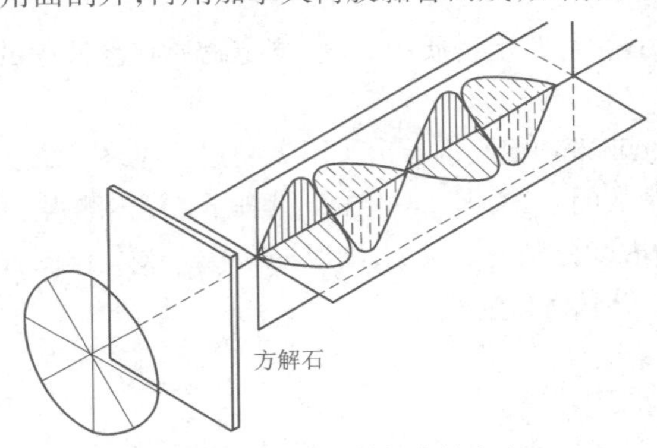

附图 12-2　平面偏振光的产生

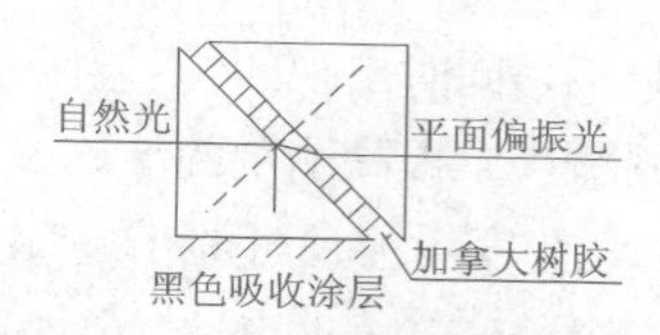

附图 12-3 尼科尔棱镜的起偏原理

当自然光进入尼科尔棱镜时就分成两束互相垂直的平面偏振光，由于折光率不同，当这两束光到达方解石与加拿大树胶的界面上时，折光率较大的一束被全反射，而另一束可自由通过。全反射的一束光被直角面上的黑色涂层吸收，从而在尼科尔棱镜的出射方向上获得一束单一的平面偏振光。由此可知，尼科尔棱镜就是用来产生偏振光的起偏镜（polarizer）。

2. 平面偏振光角度的测量

偏振光振动平面在空间轴向角度的测量借助于由一块尼科尔棱镜（此处称为检偏镜（analyzer））和刻度盘等机械零件组成的一个可同轴转动的系统。由于尼科尔棱镜只允许沿某一方向振动的平面偏振光通过，因此如果检偏镜光轴的轴向角度与入射的平面偏振光的轴向角度不一致，透过检偏镜的偏振光将发生衰减，甚至不透过。现解释如下：当一束光经过起偏镜后，平面偏振光沿 OA 方向振动，见附图 12-4。设 OB 为检偏镜允许偏振光透过的振动方向，OA 与 OB 的夹角为 θ，则振幅为 E 的 OA 方向的平面偏振光可分解为两束互相垂直的平面偏振光，其振幅分别为 $E\sin\theta$ 和 $E\cos\theta$。其中只有与 OB 相重合的分量 $E\cos\theta$ 可以透过检偏镜，而与 OB 垂直的分量 $E\sin\theta$ 不能通过。显然，当 $\theta=0°$ 时，$E\cos\theta=E$，透过检偏镜的光最强，此即检偏镜光轴的轴向角度转到与入射的平面偏振光的轴向角度相重合的情况。当两者互相垂直时，即 $\theta=\pi/2$，$E\cos\theta=0$，此时就没有光透过检偏镜。由于刻度盘随检偏镜一起同轴转动，因此就可以直接从刻度盘上读出被测平面偏振光的转向角度。

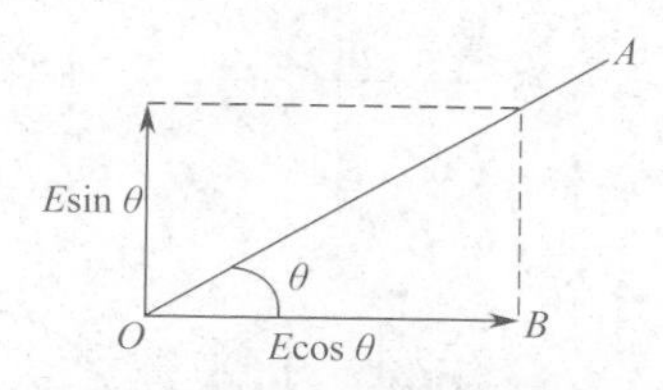

附图 12-4 检偏镜的检偏原理

3. 旋光仪测定旋光度的原理

旋光仪就是利用检偏镜来测定旋光度的仪器。如调节检偏镜使其透光的轴向角度与起偏镜透光的轴向角度互相垂直，则在检偏镜前观察到的视野很黑暗。若在起偏镜与检偏镜之间放入一个盛满旋光物质的样品管，由于旋光物质的旋光作用使原来由起偏镜出来的沿 OA 方向振动的偏振光旋转一个角度 α，在 OB 方向上就会有一个分量，所以视野有些亮度，必须将检偏镜也相应地旋转一个角度 α，视野才能恢复黑暗。因此检偏镜由第一次黑暗到第二次黑暗的角度差，即为被测物质的旋光度，见附图 12-5。

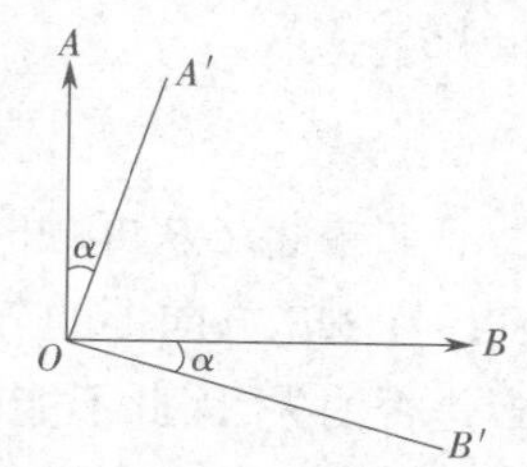

附图 12-5 旋光作用示意

由于第一次黑暗与第二次黑暗不是同时出现的，不能比较，故判断黑暗程度是否一致是困难的，因此设计了一种三分视野的装置，以提高测量的准确度。三分视野的装置是在起偏镜后的中部装一个狭长的石英片构成，其宽度约为视野的1/3。由于石英片具有旋光性，从石英片透过的那一部分偏振光被旋转了一个角度φ，如附图12-6(a)所示。此时从望远镜视野中看到的现象是透过石英片的那部分光稍暗，两旁的光很强，这是由于检偏镜的透光轴向角度处于与起偏镜重合的位置，OA是透过起偏镜后的偏振光轴向角度，OA'是透过石英片后的轴向角度，OA与OA'的夹角φ称为半暗角。旋转检偏镜使OB与OA'垂直，则沿OA'方向振动的偏振光不能透过检偏镜，因此视野中间出现一个黑暗条，如附图12-6(b)所示。由于石英片两边的偏振光OA在OB方向上有一个分量ON，因而视野两边较亮。同理，如调节OB与OA垂直，则视野两边黑暗，中间较亮，如附图12-6(c)所示。如果OB与半暗角的等分角线PP'垂直，则OA、OA'在OB方向上的分量ON和ON'相等，视野中三个区内的明暗程度一致，如附图12-6(d)所示。此时三分视野消失，用这样的鉴别方法测量半暗角是最灵敏的。具体办法是：先向样品管中充满无旋光性的蒸馏水（不能有气泡），调节检偏镜的角度使三分视野消失，将此时的角度读数作为零点；再将样品管中的蒸馏水换成被测试样，由于沿OA与OA'方向振动的偏振光都旋转了一个角度α，必须将检偏镜也相应地旋转一个角度α才能使OB与PP'重新垂直，三分视野才能再次消失，这个角度α即为被测试样的旋光度。

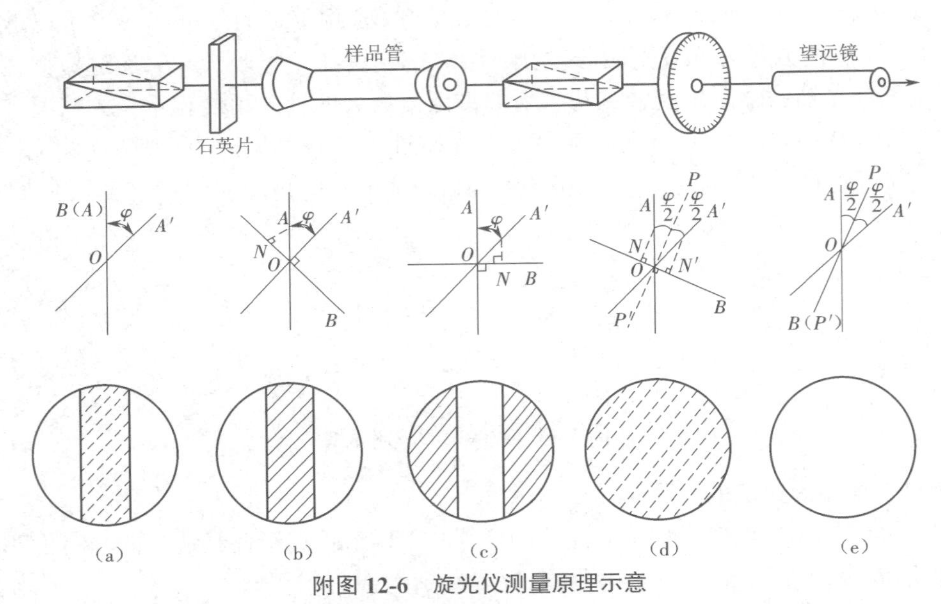

附图12-6　旋光仪测量原理示意

(a)中间稍暗　(b)中间暗两边亮　(c)中间亮两边暗　(d)明暗一致　(e)明亮视场

如果将OB再顺时针方向旋转90°，使OB与PP'重合，如附图12-6(e)所示，则OA与OA'在OB方向上的分量仍然相等，但该分量太强，整个视野特别亮，反而不利于判断三分视野是否消失，因此不能以这样的角度为标准来测量样品的旋光度。

三、使用方法及注意事项

（1）将镇流器接于 220 V 交流电源，开启钠光灯（或白炽灯）开关，数分钟后钠光灯（或白炽灯）发光正常即可开始工作。

（2）放入空的旋光管，从目镜中观察视野，如不清楚可调节目镜焦距。旋光管按长度分为 10 cm 和 20 cm 两种，可根据样品的旋光能力及样品多少选取合适的管长。

（3）零点校正：放入洁净的、空的或充满蒸馏水的旋光管，缓缓转动刻度盘，使三分视野明暗一致。通过放大镜借助游标尺准确记录刻度（可达 0.05°）。若不在零点，应重复 3 次取其平均值作为零位误差。

（4）旋光管用待测溶液冲洗 3 次后，倒满待测溶液，盖上玻璃片，旋上螺帽，确保管中没有气泡，且不漏水。螺帽不宜拧得太紧，以免玻璃片产生应力而影响读数的准确性。

（5）旋光管放入后，转动刻度盘使视野亮度一致，记录左、右两侧的刻度。正值为右旋，负值为左旋。

（6）采用双游标读数法应按下式计算刻度：

$$\theta=(A+B)/2$$

式中 A、B 为两游标窗口的读数。若任何位置处都有 $A=B$，则表明仪器无偏心差，可以不用双游标读数法。

（7）注意事项如下。

①旋光管外部擦净后方可放入旋光仪中，以免腐蚀仪器。两端露出的表面必须干净。

②由于多色光有旋光色散现象，因此在测量中最好用单色光源。

③光源应放在距旋光仪末端有一定距离的位置，以免加热仪器；还必须放在仪器的光轴上，以保证与起偏镜一致的光照。

实验十二　丙酮碘化反应级数的测定和速率方程的确定

一、实验目的

（1）测定用酸做催化剂时丙酮碘化反应的反应级数和反应速率常数。

（2）初步认识复合反应的机理，了解复合反应表观速率常数的计算方法。

（3）掌握分光光度计的使用方法。

二、实验原理

丙酮碘化反应式为

$$CH_3COCH_3 + I_2 \xrightarrow{H^+} CH_3COCH_2I + H^+ + I^- \tag{12-1}$$

式中 H^+是反应的催化剂。由于丙酮碘化反应生成 H^+，所以这是一个自动催化反应。实验证明，丙酮碘化反应是一个复合反应，反应不会停留在生成一元碘化丙酮上，还会继续生成二元碘化丙酮、三元碘化丙酮等。所以在实验中应控制反应条件，测定初始阶段的反应速度，反应的动力学方程式可表示为

$$v = \frac{dc_E}{dt} = -\frac{dc_A}{dt} = -\frac{dc_{I_2}}{dt} = kc_A^p c_{I_2}^q c_{H^+}^f \tag{12-2}$$

式中：c_E 为碘化丙酮的浓度；c_{H^+} 为 H^+的浓度；c_A 为丙酮的浓度；c_{I_2} 为碘的浓度；k 为丙酮碘化反应的表观速率常数；p 为丙酮的反应级数；q 为碘的反应级数；f 为 H^+的反应级数；t 为反应时间。

如果反应物碘是少量的，而丙酮和酸对碘是过量的，则可认为反应过程中丙酮和酸的浓度基本保持不变。在酸的浓度不太大的情况下，丙酮碘化反应对碘是零级反应，即 q 为零，也就是说，反应速率与碘的浓度无关。因此在酸浓度比较低时式（12-2）可变为

$$v = \frac{dc_E}{dt} = kc_A^p c_{H^+}^f = 常数 \tag{12-3}$$

对式（12-3）两边积分，得

$$c_E = kc_A^p c_{H^+}^f t + C \text{或} c_{I_2} = -kc_A^p c_{H^+}^f t + C' \tag{12-4}$$

式中 C、C' 为积分常数。由于 $\frac{dc_E}{dt} = -\frac{dc_{I_2}}{dt}$，可由 c_{I_2} 的变化求得 c_E 的变化，因此测得反应过程中各时刻碘的浓度，以 c_{I_2} 对 t 作图，即可求得反应速率 v。

由于碘在可见光区有一个比较宽的吸收带，而在此吸收带中盐酸、丙酮、碘化丙酮没有明显的吸收，因此可利用分光光度计来测定丙酮碘化反应过程中不同时刻碘的浓度，间接获得不同时刻碘化丙酮的浓度，从而测出反应的进程。

按照朗伯-比耳（Lambert-Beer）定律，某指定波长的光通过碘溶液后的光强为 I，通过蒸馏水后的光强为 I_0，则透光率可表示为

$$T=\frac{I}{I_0} \tag{12-5}$$

并且吸光度、透光率与碘的浓度之间的关系可表示为

$$A=\lg\frac{1}{T}=\lg\frac{I_0}{I}=\varepsilon l c_{I_2} \tag{12-6}$$

式中：A 为吸光度；T 为透光率；l 为样品光程；ε 是取以 10 为底的对数时的摩尔吸收系数。将式（12-4）代入式（12-6）得

$$\lg T=-\varepsilon l c_{I_2}=k(\varepsilon l)c_A^p c_{H^+}^f t+B \tag{12-7}$$

令

$$m=k(\varepsilon l)c_A^p c_{H^+}^f \tag{12-8}$$

式中 εl 可通过测定一个已知浓度的碘溶液的透光率，由式（12-7）求得。以 $\lg T$ 对 t 作图可得一条直线，如果令 $p=1$，$f=1$，直线的斜率为 m。通过斜率 m 可求出反应的表观速率常数 k。

对于同一比色皿，l 为定值，εl 可通过测量已知浓度的碘溶液获得：

$$\varepsilon l=\frac{-\lg T}{c_{I_2}} \tag{12-9}$$

将式（12-8）与式（12-3）相除：

$$v=\frac{m}{\varepsilon l} \tag{12-10}$$

为了确定反应级数 p，至少需要做 2 次实验，用下角标 1、2 分别表示第 1 次和第 2 次实验。若保持 H^+ 和碘的起始浓度不变，只改变丙酮的起始浓度，即 $c_{A2}=uc_{A1}$（u 为浓度倍数），$c_{H^+,2}=c_{H^+,1}$，$c_{I_2,2}=c_{I_2,1}$，分别测定在同一温度下的反应速率，则有

$$\frac{v_2}{v_1}=\frac{kc_{A2}^p c_{I_2,2}^q c_{H^+,2}^f}{kc_{A1}^p c_{I_2,1}^q c_{H^+,1}^f}=\frac{u^p c_{A,1}^p}{c_{A1}^p}=u^p=\frac{m_2}{m_1} \tag{12-11}$$

由此可求得反应级数 p。

若保持丙酮和碘的起始浓度不变，只改变 H^+ 的起始浓度，则可求得相对于酸的反应级数 f；若保持丙酮和 H^+ 的起始浓度不变，只改变碘的起始浓度，可求得相对于碘的反应级数 q；依此类推，做 4 次实验即可确定反应级数 p、q、f。

三、实验仪器及试剂

分光光度计，50 mL 容量瓶 7 个，3 cm 比色皿，5 mL、10 mL 移液管各 3 支，秒表，0.01 mol/L 碘溶液（含 2% KI）、1.00 mol/L 盐酸溶液、2.00 mol/L 丙酮溶液。此三种溶液均用分析纯试剂配制，均需准确标定。

四、实验步骤

（1）本实验在室温下进行，所得实验结果为室温下的数据，不要求统一温度。

（2）打开分光光度计，预热 20 min。

（3）调节分光光度计：将波长调到 565 nm，打开盖板，旋转透光率调零旋钮到零点位置。将比色皿装 2/3 蒸馏水，放入暗箱并调节拉杆位置使其处于光路中；合上盖板，调整光亮调节器，使透光率处于“100”的位置。将测量选择挡调至吸光度（A）位置，旋转消光零调节旋钮使显示“0.000”；再打开盖板观察是否显示“over”。待系统稳定后将比色皿取出，倒掉蒸馏水。

（4）求 εl 值：取 0.01 mol/L 碘溶液 5 mL 注入 50 mL 容量瓶中，用蒸馏水稀释到刻度，摇匀。取此碘溶液润洗比色皿 2 次，再将稀释后的碘溶液注入比色皿，然后将比色皿置于光路中，测其透光率 T；更换碘溶液再重复测定 2 次，取其平均值，求出 εl 值。

（5）丙酮碘化反应速率常数的测定。配制如下表所示的 4 组溶液，在室温下进行 T-t 数据的测定。

容量瓶编号	0.01 mol/L 碘溶液体积/mL	1 mol/L HCl 溶液体积/mL	2 mol/L 丙酮溶液体积/mL	蒸馏水体积/mL
1	10	5	10	25
2	10	5	5	30
3	5	10	10	25
4	5	5	10	30

以 1 号瓶为例，取相应的移液管依次吸取 0.01 mol/L 碘溶液 10 mL、1 mol/L HCl 溶液 5 mL 注入 1 号容量瓶中，再加入适量蒸馏水（约 20 mL）；之后吸取 2 mol/L 丙酮溶液 10 mL，当丙酮溶液加入一半时，开动秒表开始计时；丙酮溶液全部加完后，用蒸馏水将此混合液稀释到刻度，迅速摇匀，润洗比色皿 3 次，然后将此溶液注入比色皿，用镜头纸擦去残液，将比色皿置于光路中（上述操作都要迅速进行），测定不同时间的透光率（每隔 2 min 读 1 次，如果透光率变化比较大，则改为每隔 1 min 读 1 次）。记录 10~12 个数据，直到透光率接近 100%。

用上述方法分别配制 2 号、3 号、4 号容量瓶中不同浓度的溶液，并测定这些溶液在不同时间的透光率。

五、实验记录及数据处理

（1）记录某已知碘浓度下的透光率，利用式（12-9）求出 εl 的值。

室温：　　　　　　　　　　大气压：　　　　　　　　　　c_{I_2}：

序号	透光率（至少 3 次）	平均值	εl 值
1			
2			
3			

(2)分别记录4个容量瓶中不同时间的透光率。

时间/min		
1号	T	
	$\lg T$	
2号	T	
	$\lg T$	
3号	T	
	$\lg T$	
4号	T	
	$\lg T$	

以 $\lg T$ 对 t 作图,可得一条直线,分别求出直线的斜率 m_1、m_2、m_3、m_4,并用下列式子求出反应级数 p、q、f:

$$2^p=\frac{m_1}{m_2},\ 2^q=\frac{m_1}{m_4},\ 2^f=\frac{m_3}{m_4}$$

(3)计算4组实验中各物质的初始浓度,并计算实验温度下的反应速率常数 k 值(令 $p=1$, $f=1$)。

瓶号	碘溶液浓度/(mol/L)	HCl溶液浓度/(mol/L)	丙酮溶液浓度/(mol/L)
1			
2			
3			
4			

六、思考题

(1)本实验中,如果将丙酮溶液加到盐酸和碘的混合液中,但没有立即计时,而是当混合物稀释至50 mL、摇匀,倒入比色皿测透光率时才开始计时,这样做是否影响实验结果?为什么?

(2)影响本实验结果的主要因素是什么?

(3)本实验中丙酮碘化反应为复合反应,测定反应级数所采用的动力学方法是什么?

七、实验拓展与讨论

(1)温度对反应速率有一定的影响,本实验在开始测定透光率后未考虑温度的影响。实验表明，在不太低的气温条件下使用较大的比色皿进行实验，在实验开始的数分钟时间内溶液的温度变化不大。如条件允许，可选择带有恒温夹套的分光光度计，并与超级恒温槽相连，以保持反应温度恒定。

（2）当碘浓度较高时，丙酮可能发生多元取代反应。因此加入丙酮后应尽快操作，至少应在 2 min 内读出第 1 组数据，记录反应开始一段时间的反应速率，以减小实验误差。

（3）实验容器应用蒸馏水充分荡洗，否则会生成沉淀而使实验失败。

附录 13　分光光度计

一、基本原理

物质内部分子的运动可分为分子自身的转动、分子内原子的振动和电子的运动。每种运动状态都处于一定的能级，因此具有转动能级、振动能级和电子能级。

分子通常处于基态，当分子被光照射时，会吸收一定能量发生能级跃迁，即从基态跃迁到激发态，产生吸收光谱。三种能级发生跃迁时所需的能量不同，需用不同波长的光去激发。电子能级跃迁所需能量一般为 1~20 eV，吸收光谱主要处于紫外和可见光区，这种光谱称为紫外及可见光谱。

利用紫外光、可见光等测定物质的吸收光谱，并利用此吸收光谱对物质进行定性、定量分析和结构分析的方法，称为分光光度法或分光光度技术，使用的仪器称为分光光度计。各种型号的紫外-可见分光光度计基本上都由五部分组成：①光源；②单色器（包括产生平行光和把光引向检测器的光学系统）；③样品室；④接收检测放大系统；⑤显示或记录器。

根据朗伯-比尔光吸收定律，当入射光波长、溶质、溶剂以及溶液温度一定时，溶液的光密度与溶液的浓度和光程成正比：

$$A = -\lg T = \varepsilon lc$$

式中：A 为吸光度；T 为透光率，$T = I/I_0$，其中 I_0 为照射到吸收池上的光强，I 为透过吸收池的光强；ε 为摩尔吸光系数；l 为样品光程，即待测溶液厚度，cm；c 为样品浓度，mol/L。

可以看出，待测溶液厚度 l 一定时，光密度与被测物质的浓度成正比，这就是光度法定量分析的依据。

二、使用方法

分光光度计的型号非常多，操作不尽相同，这里只列出测量时的基本步骤。

（1）接通电源，按下开机开关，让仪器预热至少 20 min。

（2）根据待测量的结果选择测试的方式，一般为吸光度或透光率。

（3）选择测试的波长及合适的比色皿，加入参比和样品溶液并放入比色皿室的支架上。

（4）打开比色皿室的箱盖，用调零电位器使数字显示值为“0”，以消除暗电流。将参比比色皿拉入光路中，盖上样品盖。当测定透光率时，调节相应的旋钮使数字显示值为“100”，如果显示值不到“100”，可适当增加灵敏度（或增益）的挡数。测定吸光度时，调节相应的旋钮使数字显示值为“0.000”。

（5）将待测样品推入光路中读取数值。

（6）测量完毕后，关闭开关，取下电源插头，取出比色皿洗净，盖好比色皿室箱盖。

三、注意事项

1. 样品池的使用

(1)正确选择比色皿材质。比色皿要彻底清洗,要求内壁不挂水珠。

(2)拿取比色皿时,手指只能捏住比色皿的毛玻璃面,而不能碰比色皿的透光面。

(3)严禁用硬纸和布擦拭比色皿的透光面,比色皿外壁附着的溶液可用擦镜纸或细而软的吸水纸吸干。

(4)严禁加热、烘烤比色皿。急用时,可用酒精荡洗后用冷风吹干,决不可用超声波清洗器清洗。

2. 仪器的使用

(1)尚未接通电源时,电表指针必须在"0"刻线上;若不是,则可以用电表上的校正螺丝进行调节。

(2)开关样品池箱盖时,应小心操作,防止损坏光门开关。

(3)为防止光电管疲劳,不测定时必须将试样室盖打开,切断光路,以延长光电管的使用寿命。

(4)当光线波长调整幅度较大时,需稍等数分钟才能工作。这是由于光电管受光后,需有一段响应时间。

实验十三　乙酸乙酯皂化反应速率常数及活化能的测定

一、实验目的

(1)测定乙酸乙酯的皂化反应速率常数和活化能。

(2)了解二级反应的特点,学会用图解法求出二级反应速率常数。

(3)熟悉电导率仪的使用方法。

扫一扫:乙酸乙酯皂化反应速率常数及活化能的测定

二、实验原理

乙酸乙酯皂化的反应式为

$$CH_3COOC_2H_5 + Na^+ + OH^- \longrightarrow CH_3COO^- + Na^+ + C_2H_5OH$$

该反应是一个典型的二级反应,其速率方程可用下式表示:

$$dx/dt = k(a-x)(b-x) \tag{13-1}$$

式中:a、b 分别表示反应物酯和碱的初始浓度;x 为经 t 时间减小的酯和碱的浓度;k 为反应速率常数。

为了处理方便,进行这个实验时,反应物酯和碱采用相同的起始浓度 a,则式(13-1)可以简化为

$$dx/dt = k(a-x)^2$$

积分后得

$$kt = \frac{x}{a(a-x)} \tag{13-2}$$

由式(13-2)可看出,原始浓度 a 是已知的,只要测出 t 时的 x 值,就可算出反应速率常数 k 值。为此,可采用化学分析方法或物理化学分析法,本实验采用电导法测定时间和浓度的关系。

电导法测定时间-浓度的关系的根据如下。

(1)反应是在稀释的水溶液中进行的,每种强电解质的电导率与其浓度成正比,而且溶液的总电导率等于组成溶液的电解质的电导率之和。

(2)反应物与产物的电导率应相差较大,如此才能测出反应过程中反应液电导率的变化。本实验中 $CH_3COOC_2H_5$ 和 C_2H_5OH 均不具有明显的电导性,因此随着反应的进行,它们的浓度改变对溶液电导率的影响可忽略不计。但反应物 NaOH 是强电解质,生成物 CH_3COONa 也是强电解质,那么参与导电的离子有 Na^+、OH^-、CH_3COO^-。其中 Na^+在反应前后浓度不变,而溶液中 OH^- 的电导率比 CH_3COO^- 的电导率大得多,因此随着反应的进行,OH^- 浓度不断减小,CH_3COO^- 浓度不断增大,致使溶液的电导率逐渐下降。

因此,当溶液足够稀(也不能太稀,否则电导率变化太小,致使测量精度过低)时,则有

$$\kappa_0 = A_1 a \tag{13-3}$$

$$\kappa_\infty = A_2 a \tag{13-4}$$

$$\kappa_t = A_1(a-x) + A_2 x \tag{13-5}$$

式中：κ_0、κ_t、κ_∞分别表示反应时间为 0、t、∞（反应完毕）时的电导率；A_1、A_2 为比例常数，其值与温度、溶剂以及电解质的性质有关。

联立式（13-3）~式（13-5）解得

$$x = a(\kappa_0 - \kappa_t)/(\kappa_0 - \kappa_\infty) \tag{13-6}$$

将式（13-6）代入式（13-2）得

$$k = 1/ta \cdot (\kappa_0 - \kappa_t)/(\kappa_t - \kappa_\infty) \tag{13-7}$$

$$\kappa_t = 1/ka \cdot (\kappa_0 - \kappa_t)/t + \kappa_\infty \tag{13-8}$$

不难看出，以 κ_t 对（κ_0–κ_t）/t 作图可得一条直线，其斜率等于 $1/ka$。由于反应初始浓度 a 已知，故可由直线的斜率求得反应速率常数 k 值。

反应速率常数 k 与温度 T 的关系可用阿伦尼乌斯（Arrhenius）方程式表示，即

$$\mathrm{d}\ln k/\mathrm{d}T = E_a/RT^2 \tag{13-9}$$

定积分后得

$$\ln k_2/k_1 = -\frac{E_a}{R}\left(\frac{1}{T_2} - \frac{1}{T_1}\right) \tag{13-10}$$

式中 E_a 为反应所需的活化能，只要测得两个温度 T_1 和 T_2 下的反应速率常数 k_1 和 k_2 值，便可由式（13-10）计算出该反应在 T_1~T_2 范围内的平均活化能 E_a。

三、实验仪器及试剂

扫一扫：DDS-307 电导率仪

DDS-307 电导率仪、恒温装置、秒表、1 mL 移液管、25 mL 移液管 3 支、100 mL 容量瓶、双管反应电导池（图 13-1）2 个、单管电导池、去离子水、NaOH 溶液（已知浓度）、乙酸乙酯（分析纯）。

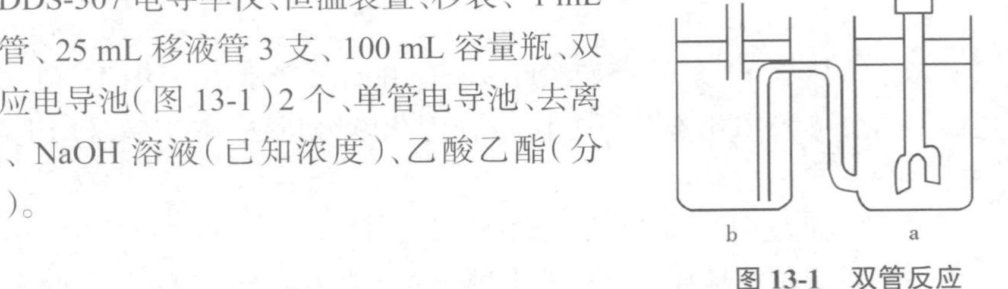

图 13-1　双管反应电导池示意

四、实验步骤

（1）配制与 NaOH 溶液浓度相同的乙酸乙酯溶液。

（2）调节恒温槽，使水浴温度维持在 25 ℃。

（3）熟悉并掌握电导率仪的调零、校正及读数方法，请参阅附录 8。

（4）κ_0 的测定。

用移液管吸取 25 mL 已知浓度的 NaOH 溶液注入清洁、干燥的单管电导池中，再用移液管注入 25 mL 去离子水（此步骤的目的是将 NaOH 溶液稀释到原浓度的一半）；接着将电导率仪的电极用去离子水认真冲洗干净，用滤纸小心吸干电极上的水（注意不要碰到电极上的铂

黑);然后将电极插入单管电导池中,并将此单管电导池置于 25 ℃恒温水浴中进行恒温(约需 20 min)。

恒温后,选择"测量"挡位下合适的量程,所显示的读数即为 κ_0 值。5 min 后重测定 1 次,若 2 次读数相同,即可确定 κ_0 值。

(5)κ_t 的测定。

用移液管吸取 25 mL 已知浓度的 NaOH 溶液注入清洁、干燥的双管反应电导池(图 13-1)的 b 池中,塞上带小导管的橡胶塞;用另一支移液管向 a 池中注入 25 mL 与 NaOH 浓度相同的乙酸乙酯溶液。把事先用去离子水冲洗 3 次后又用滤纸吸干的电导电极插入 a 池中,将塞子盖好,将此双管反应电导池置于 25 ℃恒温水浴中。恒温 15 min 后,用针管由 b 池上的小导管将 NaOH 溶液压入 a 池中,与乙酸乙酯混合,再将 a 池中的混合液吸回 b 池,如此压、吸 3 次,混合均匀后将溶液全部压入 a 池,尽快测出反应后的第 1 个电导值。当 NaOH 溶液压入一半时开始计时,每分钟测 1 次,反应进行 10 min 后,随反应速率减小,电导率变化较小,故可 2 min 测 1 次;反应进行约 40 min 后,可停止测量。

(6)换另一个干燥的双管反应电导池,按步骤(4)、(5)测定 30 ℃时的 κ_0 和 κ_t 值。

(7)实验结束后,用去离子水将电极冲洗干净后,浸入去离子水中,将锥形瓶洗净放入烘箱中,以备下次实验用。

五、实验记录及数据处理

室温:　　　　　　　　　　　　　　　　　　　　大气压:

时间 t/min	25 ℃　$a=$ $\kappa_0=$			30 ℃　$a=$ $\kappa_0=$		
	κ_t	$(\kappa_0-\kappa_t)/t$	k_{25}	κ_t	$(\kappa_0-\kappa_t)/t$	k_{30}

(1)以 κ_t 对 $(\kappa_0-\kappa_t)/t$ 作图,由所得直线的斜率求反应速率常数 k。

(2)用 25 ℃和 30 ℃两个温度下所得的 k 值,求皂化反应的活化能 E_a。

六、思考题

(1)被测溶液的电导率是由哪些离子贡献的? 在反应过程中溶液的电导率为什么会发生

变化?

(2)为什么要新配制乙酸乙酯溶液?

(3)为什么要尽快测出第1个电导值?开始反应时为什么测定时间间隔要短?

(4)κ_∞如何求出?如果实验中不测κ_0,用什么办法可求出κ_0值?

(5)若乙酸乙酯与NaOH的起始浓度不等,应如何计算k值?

七、实验拓展与讨论

(1)乙酸乙酯皂化反应是吸热反应,混合后体系温度可能稍有降低,在混合后的几分钟内所测溶液电导率可能偏低,因此如果以κ_t对$(\kappa_0-\kappa_t)/t$作图所得到的不是直线,也可以舍掉前1~3 min的数据。

(2)乙酸乙酯皂化反应还可以用pH法进行测定,通过测定$t=t$和$t\to\infty$时体系的pH_t和pH_∞获得反应的速率常数。试查阅文献学习实验原理并设计实验。

实验十四　水溶性表面活性剂临界胶束浓度的测定

一、实验目的

(1)掌握电导法测定水溶性表面活性剂临界胶束浓度的方法。

(2)了解表面活性剂的特性及胶束形成原理。

二、实验原理

具有明显“两亲”性质的分子,既含有较长的烷基憎水性基团(大于10个碳原子),又含有亲水的极性基团(通常是离子化的)。由这类分子组成的物质称为表面活性剂,如肥皂和各种合成洗涤剂等,具有润湿、乳化、增溶、起泡等作用。表面活性剂按离子的类型可分为三大类。

(1)阴离子型表面活性剂,包括羧酸盐(如肥皂,分子式为$C_{17}H_{35}COONa$)、烷基硫酸盐(如十二烷基硫酸钠,分子式为$C_{12}H_{25}SO_4Na$)、烷基磺酸盐(如十二烷基苯磺酸钠,分子式为$C_{12}H_{25}\ C_6H_5SO_3Na$)等。

(2)阳离子型表面活性剂,主要是胺盐(如十二烷基二甲基叔胺盐酸盐,分子式为$C_{12}H_{25}N(CH_3)_2HCl$)和铵盐(如十二烷基三甲基氯化铵,分子式为$C_{12}H_{25}N(CH_3)_3Cl$)。

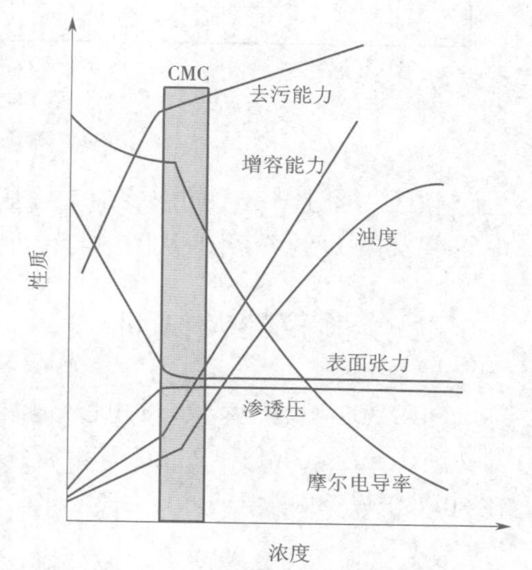

图 14-1　表面活性剂的性质与浓度的关系

(3)非离子型表面活性剂,如聚氧乙烯类($R—O\leftarrow CH_2CH_2O \rightarrow_n H$)。

表面活性剂溶于水后,在低浓度时呈分子状态,会出现两三个分子把亲油基团聚拢在一起分散在水中的现象。当溶液浓度增大到一定程度时,许多表面活性剂分子结合成很大的基团,称之为胶束。表面活性剂在水中形成胶束所需的最低浓度称为临界胶束浓度,以CMC表示。当溶液浓度达到CMC时,溶液结构发生改变,导致表面活性剂的物理性质(如表面张力、摩尔电导率、渗透压、浊度、光学性质等)与浓度的关系曲线出现明显的转折,如图14-1所示, CMC是表面活性剂溶液性质发生显著变化的分水岭。这个现象是测定CMC的实验依据,也是表面活性剂的一个重要特征。

这种特征行为可用胶束形成过程来解释,如图14-2所示。表面活性剂溶于水后,其分子不仅会吸附在水溶液表面,而且达到一定浓度时还会在溶液中发生定向排列而形成胶束。表面活性剂分子在溶液中稳定存在,有可能采取两种方式:一是把亲水基团留在水中,亲油基团伸向油相或空气;二是亲油基团相互靠在一起,以减小亲油基团与水的接触面积。前者的结果是表面活性剂分子吸附在界面上，形成定向排列的单分子膜，从而减小表面张力；后者则形成了胶束。由于胶束的亲水基团朝外与水分子相互吸引，表面活性剂分子能稳定地溶于水中。随着表面活性剂在溶液中浓度的增大，球状胶束还可能转变为棒状胶束、层状胶束。

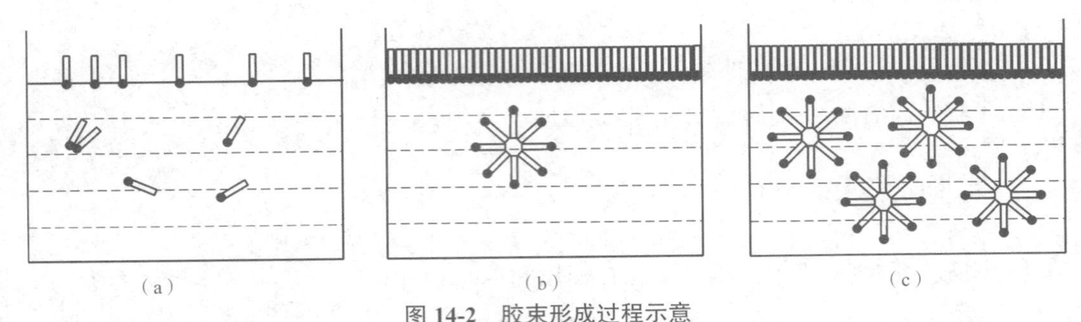

图 14-2　胶束形成过程示意

（a）浓度 < CMC　（b）浓度 = CMC　（c）浓度 > CMC

本实验通过测定不同浓度十二烷基硫酸钠（SDS）水溶液的电导率，并作电导率（或摩尔电导率）与浓度的关系图，从图中的转折点即可求得临界胶束浓度。

三、实验仪器及试剂

DDS-307 型电导率仪，Pt 电极，恒温水浴装置，5 000 mL 容量瓶，干燥的 100 mL 单管反应器 2 个，5 mL、10 mL 和 25 mL 移液管各 2 个，100 mL 烧杯，玻璃棒，十二烷基硫酸钠（分析纯，在 80 ℃干燥箱中烘干 3 h），去离子水。

四、实验步骤

（1）打开恒温水浴装置调节温度至 25 ℃，接通电导率仪，预热 20 min。

（2）准确称量 28.838 0 g 干燥的十二烷基硫酸钠并用去离子水定容至 5 000 mL，此母液浓度为 0.02 mol/L。

（3）用移液管准确量取 30 mL 去离子水注入一个干燥的单管反应器中，并向其中加入 4 mL 十二烷基硫酸钠母液，在水浴中恒温 10 min 后，用电导率仪测定其电导率。每 2 min 读数 1 次，共读 3 次，取其平均值。

（4）向上述溶液中依次加入 4 mL、4 mL、4 mL、4 mL、4 mL 十二烷基硫酸钠母液，形成 5 个不同浓度的十二烷基硫酸钠溶液。每次加入母液后在水浴中恒温，测定溶液的电导率。

（5）将 Pt 电极取出，用去离子水冲净，然后用滤纸条吸干水分，备用。

（6）用移液管准确量取 30 mL 十二烷基硫酸钠母液注入另一个干燥的单管反应器中，依次加入 0 mL、3 mL、4 mL、5 mL、6 mL、8 mL 去离子水，形成另外 6 个不同浓度的十二烷基硫酸钠溶液，在水浴中恒温后，用同样的方法测定各自的电导率。

（7）用去离子水洗净单管反应器和 Pt 电极。

五、实验记录及数据处理

室温：　　　　　大气压：　　　　　电极常数：

混合液的体积组成		浓度/(mol/L)	电导率/(μS/cm)				摩尔电导率/($S\cdot m^2/mol$)
去离子水	SDS 母液		第 1 次	第 2 次	第 3 次	平均值	
30 mL	+4 mL						
—	+4 mL						
—	+4 mL						
—	+4 mL						
—	+4 mL						
—	+4 mL						
+0 mL	30 mL						
+3 mL	—						
+4 mL	—						
+5 mL	—						
+6 mL	—						
+8 mL	—						

（1）计算各个溶液的浓度，根据测得的电导率计算各个溶液的摩尔电导率。

（2）作出十二烷基硫酸钠水溶液的电导率对数值与浓度关系图、摩尔电导率与浓度平方根关系图，从图中的转折点处得出临界胶束浓度。

六、思考题

（1）若要知道所测得的临界胶束浓度是否准确，可用哪些方法验证？

（2）非离子表面活性剂能否用本实验方法测定临界胶束浓度？为什么？

（3）试分析十二烷基硫酸钠水溶液的摩尔电导率与浓度的关系曲线在溶液浓度达到 CMC 时发生转折的原因。

七、实验拓展与讨论

（1）测定 CMC 的方法很多，常用的有表面张力法、电导法、染料法、增溶作用法和光散射法等。这些方法都是从溶液的物理化学性质与浓度变化关系出发求得 CMC 的，其中表面张力法和电导法测得的 CMC 比较准确。电导法是一种经典方法，简便、可靠，但是过量无机盐的存在会降低测定灵敏度，因此配制溶液应该用去离子水。试设计实验研究无机盐浓度对十二烷基硫酸钠溶液 CMC 的影响。

（2）溶解的表面活性剂分子与胶束之间的平衡与溶液温度 T 和临界胶束浓度 c 有关，其关系式可表示为 $\frac{\mathrm{dln}\,c}{\mathrm{d}T}=-\frac{\Delta H}{2RT^2}$。试设计实验测定十二烷基硫酸钠分子与胶束的平衡热效应 ΔH 值。

实验十五　表面张力的测定及应用

一、实验目的

（1）了解表面张力的性质及表面张力与吸附的关系。

（2）用最大气泡压力法测定表面张力。

二、实验原理

从热力学观点来看，液体表面缩小是一个自发过程。欲使其表面增大，需对其做功，增大其吉布斯（Gibbs）自由能。增大一单位面积所需的功称为单位表面的表面功 σ（比表面吉布斯函数）。表面张力的物理意义是指沿着液体表面、垂直作用于表面单位长度上使界面收缩的力。

扫一扫：表面张力的测定

在定温定压下，纯溶剂的表面张力是一个定值。当加入溶质后，液体的表面张力会发生变化，其变化程度与溶液浓度有关。这种表面浓度与内部浓度不同的现象叫作溶液的表面吸附。

1878 年，Gibbs 用热力学方法推导出溶液浓度、表面张力和吸附量之间的关系，即

$$\Gamma = -\frac{c}{RT}\left(\frac{\mathrm{d}\sigma}{\mathrm{d}c}\right)_T \tag{15-1}$$

式中：Γ 为吸附量，$\mathrm{mol/m^2}$；σ 为表面张力，N/m；c 为溶液浓度，mol/L；T 为绝对温度，K；R 为摩尔气体常数，R=8.314 J/（mol·K）。

当（$\mathrm{d}\sigma/\mathrm{d}c$）$_T$<0 时，$\Gamma>0$，称为正吸附；当（$\mathrm{d}\sigma/\mathrm{d}c$）$_T$ >0 时，$\Gamma<0$，称为负吸附。

能使溶液表面张力显著减小的物质称为表面活性剂。工业和日常生活中常用的去污剂、乳化剂、润湿剂及起泡剂等都是表面活性剂。

表面活性剂的 Γ-c 曲线的经验方程为

$$\Gamma = \Gamma_\infty \frac{Kc}{1+Kc} \tag{15-2}$$

式中：Γ_∞ 为饱和吸附量；K 为吸附平衡常数。

将式（15-2）整理成线性方程为

$$\frac{c}{\Gamma} = \frac{1}{\Gamma_\infty}c + \frac{1}{K\Gamma_\infty}$$

即可求得 Γ_∞、K。

根据实验测得的 σ、c 数据作出 σ-c 曲线，根据式（15-1）计算出各浓度对应的吸附量 Γ，再根据式（15-2）确定出 Γ_∞、K 两个参数，从而求出每个分子在溶液表面所占面积为 $q=\frac{1}{\Gamma_\infty L}$（$L$ 为阿伏伽德罗常数）。

测定已知溶液在不同浓度下的表面张力，即可求出相应的吸附量。本实验采用最大气泡压力法测定溶液的表面张力。

假设有一个气泡，半径为 R（图 15-1），为克服气泡的表面张力所需要的附加压力为

$$\Delta p = p_0 - p = 2\sigma/R \quad (15\text{-}3)$$

式中 σ 为液体表面张力。

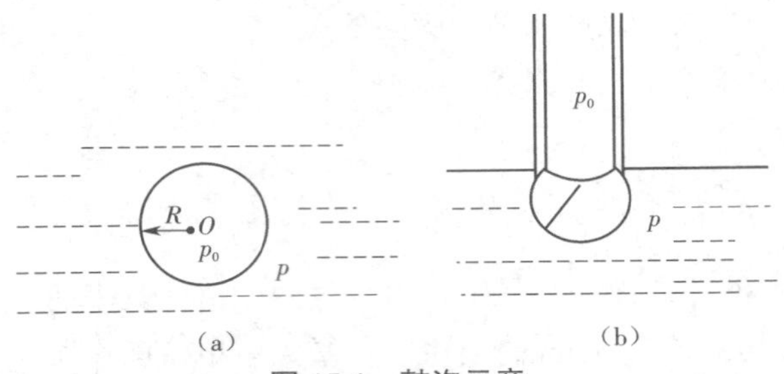

图 15-1　鼓泡示意

（a）液体中的气泡　（b）毛细管鼓泡示意

实际测量时，使毛细管端刚好与液面接触，则可忽略液体产生的静压力，Δp_m 即为最大附加压力，有

$$\Delta p_m = 2\sigma/R \quad (15\text{-}4)$$

当数字压力计用密度为 ρ 的液体来表示压差 Δh 时，则有

$$\Delta p_m = 2\sigma/R = \rho g\Delta h$$

$$\sigma = R/2 \cdot \rho g\Delta h = K\Delta h$$

如用已知表面张力为 σ_0 的液体做标准物，据下式即可求出其他液体的表面张力 σ_1：

$$\sigma_1/\sigma_0 = \Delta h_1/\Delta h_0 \quad (15\text{-}5)$$

三、实验仪器及试剂

恒温水浴装置、测表面张力装置、计算机、正丁醇（分析纯）、蒸馏水。

四、实验步骤

（1）调节恒温槽水温为（25 ± 0.1）℃，并保持恒温。

（2）配制 0.5 mol/L 正丁醇水溶液 500 mL（取 22.94 mL 纯正丁醇）。

（3）用滴定管将 0.5 mol/L 正丁醇水溶液稀释为 0.01 mol/L、0.02 mol/L、0.05 mol/L、0.1 mol/L、0.2 mol/L、0.3 mol/L 的溶液各 50 mL。

（4）按图 15-2 连接装置，不得漏气。用蒸馏水清洗单管反应器，之后加入少量蒸馏水，放入恒温槽中。插入毛细管，毛细管必须与液面垂直，并在反应管的中间。调节铁架台上支撑毛细管的胶塞高度，在保证毛细管与液面垂直的同时，使毛细管顶端恰好与液面相切。

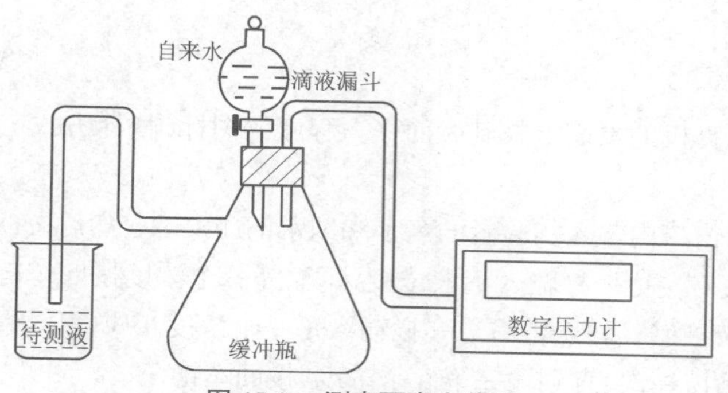

图 15-2　测表面张力装置

（5）打开数字压力计后的放空管，再关闭。按数字压力计的“采零”键，并且将“功能”按钮调为“mmH_2O”。**注意：**在实验过程中不再“采零”，也不得关闭电源。

（6）恒温 10 min 后，向滴液漏斗中加满自来水，然后缓缓打开滴液漏斗旋塞使其缓慢滴水（1 min 约 20 滴），使毛细管均匀逸出气泡（最好是单气泡），读取数值时应没有其他气泡干扰。从数字压力计上读出最大数值。取 3 次实验结果的平均值。

（7）按照待测液浓度从小到大的顺序，更换待测液依次测量。每次更换待测液时，都要用少量待测液洗双管反应器 3 次，然后将剩余的溶液倒入双管反应器中，重复步骤（4）和（6）进行测量。

五、实验记录及数据处理

实验温度：　　　　　　　　　　室温：　　　　　　　　　　大气压：

序号	浓度 c/（mol/L）	最大压差 Δh/（mmH_2O）				σ/（N/m）
		3 次读数			平均	
0	纯水					
1						
2						
3						
4						
5						
6						

（1）查出纯水在 25 ℃时的表面张力，计算各待测液的表面张力 σ，填入表中。

（2）作 σ-c 图，求出各待测液的表面吸附量 Γ。

（3）作 Γ-c 图和 c/Γ-c 图，求出 Γ_∞，并根据下式计算每个溶质分子在液体表面所占的面积 q：

$$q = \frac{1}{\Gamma_\infty L}$$

六、数据打印

（1）在实验室计算机的桌面上找到表面张力程序的图标（快捷方式），双击鼠标左键，打开该程序。

（2）在该程序的窗口内输入实验者的名字和纯水的压差 Δh，然后按回车键。

（3）在出现的表格左边一栏输入溶液浓度，每输完一个浓度按回车键确认一次，直到输完第 6 个浓度，按回车键确认后，点击右边一栏输入每一个浓度相应的压差 Δh，同样要求每输完一个浓度按回车键确认一次，直到输完第 6 个浓度，按回车键。

（4）点击菜单栏的“数据处理”，再点击下拉式菜单的“显示处理结果”，稍等一会儿，将出现处理后的数据和曲线图。如等待较长时间计算机仍无反应，则说明实验数据误差较大，超出程序处理的范围，应仔细查找原因，重新实验，以得到较正确的结果。

（5）点击菜单栏的“数据处理”，再点击下拉式菜单的“打印处理结果”，打印机将打印出结果。

七、思考题

（1）通过实验和数据处理，说明影响实验结果准确性的因素有哪些。

（2）如待测液体（如水）温度升高，其表面张力有何变化？为什么？

（3）表面张力的测定还可以用什么方法？举例说明。

（4）毛细管插入的深浅程度对实验有什么影响？

（5）毛细管管口有缺口，对实验有什么影响？

（6）本实验用计算机程序由 σ、c 数据求得吸附量 Γ，请问如何用图解法求 Γ？

八、实验拓展与讨论

（1）用最大气泡压力法测定表面张力时，由于气泡曲率半径无法直接测量，在精确测定中常用校正因子方法加以校正，具体可参阅相关文献。

（2）由相关文献可知，各种直链醇的横截面积为 0.274~0.289 nm^2，直链有机酸的横截面积为 0.302~0.310 nm^2，直链胺的横截面积约为 0.27 nm^2。这说明直链有机物的非极性尾巴竖立于溶液表面上。由饱和吸附量 Γ_∞、溶质的摩尔质量 M 和密度 ρ 还可以求出吸附层的厚度 δ：

$$\delta = \Gamma_\infty M/\rho$$

实验十六　溶胶的制备及性质

一、实验目的

（1）了解制备溶胶的基本方法。

（2）掌握 $Fe(OH)_3$ 溶胶的制备和纯化方法。

（3）明确溶胶的光学性质及其实质，会用简单的方法鉴别溶胶和溶液。

二、实验原理

胶体是分散相粒子直径为1~1 000 nm的高度分散系统，介于真溶液与粗分散系统之间，是连接微观世界与宏观世界的桥梁，具有独特的动力学、光学和电学性质。了解胶体的形成过程、行为及性质有助于更好地理解微观和介观世界的运动规律。本实验以溶胶为例研究其制备、纯化和光学性质。

1. 溶胶的制备

溶胶的制备方法可分为分散法和凝聚法。分散法是指用适当方法把较大的物质颗粒变为胶体大小的质点，如机械法、电弧法、超声波法、胶溶法等；凝聚法是先制成难溶物的分子（或离子）的过饱和溶液，再使之相互结合成胶体粒子而得到溶胶，如物质蒸气凝结法、变换分散介质法、化学反应法等。$Fe(OH)_3$ 溶胶就是采用凝聚法中的化学反应法制成的。要使反应 $FeCl_3 + 3H_2O \rightleftharpoons Fe(OH)_3$（溶胶）$+ 3HCl\uparrow$ 的生成物呈过饱和状态非常简单，但是要获得尺寸均匀的胶体（即纳米级别的材料）则不容易，这涉及胶体的成核、生长和表面能等问题。为了得到均匀的胶体溶液，必须能够大量地成核并在一段时间内维持持续的、较低的过饱和度。

2. 溶胶的纯化（净化）

用不同方法制成的溶胶中往往含有很多电解质（包括反应产物或杂质），其中只有一部分电解质与胶体粒子表面吸附的离子保持平衡，其余过量的电解质则会影响溶胶的稳定性，只有将它们除去，才能获得比较稳定的溶胶。清除溶胶中电解质的过程称为溶胶的净化，方法包括渗析法和超滤法等。最常用的是半透膜渗析法，利用半透膜能够分离大分子和小分子、离子的特性来实现溶胶的净化。渗析时以半透膜隔开溶胶和纯溶剂，溶胶中的杂质（如电解质及小分子）能透过半透膜进入溶剂中，而大部分胶粒无法透过。由于膜内外杂质的浓度有差别，膜内的离子或其他能通过半透膜的杂质小分子向半透膜外迁移，不断更新膜外溶剂，逐渐降低溶胶中的电解质或杂质浓度，从而达到净化的目的。若要提高渗析速度，可用热渗析或电渗析的方法。本实验采用火胶棉自制袋状半透膜，将制得的溶胶置于半透膜中，在60~70 ℃的温度下进行热渗析。

3. 溶胶的光学性质

Tyndall（丁达尔）效应是分辨溶胶与分子溶液最简便的方法。1869 年 Tyndall 发现，若令一束汇聚光通过溶胶，从侧面（即与光束垂直的方向）可以看到一个发光的圆锥体，这就是溶胶的光学性质，即 Tyndall 效应（图 16-1）。其他分散系统也会产生一点散射光，但远不如溶胶显著。Tyndall 效应的原理涉及微粒尺寸，光源的波长，光的吸收、反射、散射、透过的相互关系。1871 年瑞利（Rayleigh）对非导电的球形粒子的稀溶胶系统进行研究，导出了单位体积溶胶的散射强度，即 Rayleigh 散射公式（式（16-1）），公式中 I 与 V^2 成正比，可用来鉴别小分子真溶液与溶胶系统，如已知 n、n_0，可测 I 求单个粒子的体积 V。Tyndall 现象又称为乳光效应，其实质是光的散射，由 Rayleigh 散射公式可知，散射光的强度与入射光波长的 4 次方成反比。

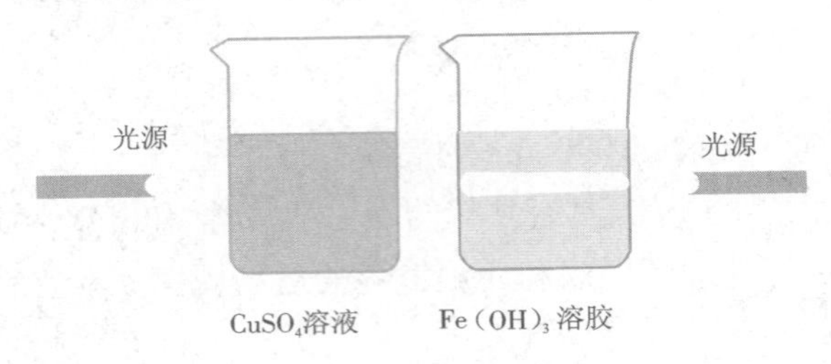

图 16-1　Tyndall 效应

$$I=\frac{9\pi^2V^2C}{2\lambda^4l^2}\left(\frac{n^2-n_0^2}{n^2+2n_0^2}\right)^2(1+\cos^2\alpha)I_0 \tag{16-1}$$

式中：I 为散射光强；I_0 为入射光强；V 为单个粒子的体积；C 为单位体积中的粒子数；λ 为入射光波长；l 为观测距离；n 为分散相的折射率；n_0 为分散介质的折射率；α 为散射角（观测方向与入射光之间的夹角）。

三、实验仪器及试剂

铁架台（配铁圈）、石棉网、烧杯、量筒、移液管、锥形瓶、具塞试管、电炉、胶头滴管、激光笔（或手电筒）、玻璃棒、$FeCl_3$ 饱和溶液、$CuSO_4$ 溶液、KCl 溶液、K_2CrO_4 溶液、$K_3[Fe(CN)_6]$溶液、泥水、蒸馏水、质量分数为 1%的 $AgNO_3$ 及 KSCN 溶液、火棉胶。

四、实验步骤

1. $Fe(OH)_3$ 溶胶的制备

在洁净的小烧杯里加入约 50 mL 蒸馏水，加热至微沸，然后向沸水中逐滴加入 1~2 mL $FeCl_3$ 饱和溶液，在不断振荡（但不能用玻璃棒搅拌，且不宜使液体沸腾时间太长，以免生成沉淀）下继续煮沸直到液体呈深红褐色，停止加热。

2. $Fe(OH)_3$ 溶胶的纯化（净化）

用化学反应法制成的 $Fe(OH)_3$ 溶胶中常有其他杂质存在，从而影响其稳定性，且 $Fe(OH)_3$ 溶胶冷却时，反应将逆向进行，因此必须纯化。本实验利用火棉胶溶液自制半透膜，

将得到的 $Fe(OH)_3$ 溶胶置于半透膜袋内，用线拴住袋口，置于装有足量水的烧杯中进行纯化。

3. 半透膜的制备

（1）取一个内壁光滑的 250 mL 锥形瓶，洗涤烘干，倒入约 18 mL 火棉胶溶液，小心转动锥形瓶，火棉胶均匀地在瓶内形成一层无色透明的薄膜。

（2）倒出多余的火棉胶，并让锥形瓶内的溶剂蒸发，直至用手指轻轻接触火棉胶膜而不黏着为止。

（3）往锥形瓶中加入蒸馏水至满，浸膜于水中约 10 min，倒去瓶内的水。

（4）在瓶口处剥开一部分膜，在膜与玻璃瓶壁间灌水至满，膜即脱离瓶壁，轻轻取出，得到一个袋状透明薄膜，即为半透膜。注入去离子水检查是否有漏洞，如无漏洞，则浸入去离子水中待用。

4. 热渗析法纯化 $Fe(OH)_3$ 溶胶

（1）把新制的溶胶置于半透膜袋内，用线栓住袋口，置于 500 mL 烧杯中，加 150 mL 蒸馏水，保持温度为 60~70 ℃，进行热渗析。

（2）取出少许蒸馏水，滴加 1% KSCN 溶液，蒸馏水由无色变成红色，说明有 Fe^{3+}渗析到蒸馏水中。

（3）蒸馏水每 30 min 更换 1 次，取 1 mL 水检查有无 Cl^- 及 Fe^{3+}（分别用 1% $AgNO_3$ 溶液、1% KCNS 溶液检查），直至无 Cl^- 及 Fe^{3+} 检出，停止实验。

（4）$Fe(OH)_3$ 溶胶、$CuSO_4$ 溶液和泥水的外观比较：用 3 个小烧杯分别加入约 25 mL $Fe(OH)_3$ 溶胶、25 mL $CuSO_4$ 溶液、25 mL 泥水，观察并比较 $Fe(OH)_3$ 溶胶、$CuSO_4$ 溶液和泥水的外观，记录相关现象。

（5）丁达尔效应：把盛有 $CuSO_4$ 溶液和 $Fe(OH)_3$ 溶胶的烧杯置于暗处，分别用激光笔（或手电筒）照射烧杯中的液体，在与光束垂直的方向进行观察。

5. $Fe(OH)_3$ 溶胶的聚沉实验

（1）取 5 支试管，分别标号，在第 1 支试管中用移液管加入 10 mL 2.5 mol/L KCl 溶液，其余 4 支试管各为 9 mL 去离子水。从第 1 支试管中移取 1 mL 溶液到第 2 支试管，混匀后，从第 2 支试管中移取 1 mL 溶液到第 3 支试管，依此类推，从最后 1 支试管中移取 1 mL 溶液弃之。

（2）用 5 mL 移液管吸取 $Fe(OH)_3$ 溶胶，顺次加入每支试管中 1 mL，记下时间并将试管中的物质摇匀（这样 5 支试管中 KCl 溶液的浓度顺次相差 10 倍）。15 min 后进行比较，测出破坏溶胶的最小 KCl 浓度，即为 KCl 对该溶胶的聚沉值。

（3）按照同样的方法进行 K_2CrO_4 和 $K_3[Fe(CN)_6]$的实验，求出不同价数离子聚沉值之比。

五、实验记录及数据处理

(1)制备 $Fe(OH)_3$ 溶胶:在洁净的小烧杯里加入约 25 mL 蒸馏水,加热至微沸,然后向沸水中逐滴加入 1~2 mL $FeCl_3$ 饱和溶液,在不断振荡下继续煮沸至液体呈红褐色,停止加热。实验现象:$FeCl_3$ 饱和溶液呈________,$Fe(OH)_3$ 溶胶呈__________色。

结论、解释或化学方程式:____________________________________。

(2)$Fe(OH)_3$ 溶胶、$CuSO_4$ 溶液和泥水的外观比较:另取两个小烧杯分别加入约 25 mL $CuSO_4$ 溶液、25 mL 泥水,观察并比较 $Fe(OH)_3$ 溶胶、$CuSO_4$ 溶液和泥水的外观。$Fe(OH)_3$ 溶胶、$CuSO_4$ 溶液都是________的液体,泥水是__________的液体。静置,_______的分散质会下沉。$Fe(OH)_3$ 溶胶和 $CuSO_4$ 溶液在外观上_________。三种分散系统中最不稳定的是________,分散质粒子最大的是_______。

(3)丁达尔效应:把盛有 $CuSO_4$ 溶液和 $Fe(OH)_3$ 溶胶的烧杯置于暗处,分别用激光笔(或手电筒)照射烧杯中的液体,在与光束垂直的方向进行观察。

光束照射时:$Fe(OH)_3$ 溶胶中__________、$CuSO_4$ 溶液中_______,说明 $Fe(OH)_3$ 溶胶有明显的__________现象,其实质是________________。这一现象说明溶胶和溶液中分散质粒子的大小顺序是____________________。

(4)聚沉实验:KCl、K_2CrO_4 和 $K_3[Fe(CN)_6]$溶液对 $Fe(OH)_3$ 溶胶的聚沉值分别为__________、__________和_______________,聚沉值之比为________________。

六、思考题

(1)溶胶系统具有哪些独特的性质?

(2)何为丁达尔效应?其实质是什么?

(3)制备 $Fe(OH)_3$ 溶胶为什么不能使用自来水而必须用蒸馏水?

(4)制备 $Fe(OH)_3$ 溶胶为什么要用饱和 $FeCl_3$ 溶液?

(5)新制备的溶胶为什么需要净化?净化的方法有哪些?

(6)查阅有关资料,列举几个在生产、生活中常见的胶体及其应用的具体实例。

七、注意事项

(1)一定要在水沸腾时才逐滴加入饱和 $FeCl_3$ 溶液。因为 $FeCl_3$ 与 H_2O 反应会生成 HCl,而 $Fe(OH)_3$ 是会溶于 HCl 的,所以必须在水沸腾的条件下才能使生成的 HCl 及时挥发出去。

(2)制备胶体时,一定要缓慢向沸水中逐滴加入饱和 $FeCl_3$ 溶液,并不断搅拌,否则得到的胶体颗粒太大,稳定性差。

(3)往沸水中滴加饱和 $FeCl_3$ 溶液后,可稍微加热沸腾,但不宜长时间加热。胶体能够均一存在是由于同种电荷的排斥作用。加热之后,粒子能量升高,运动加剧,排斥作用显得很弱,粒子之间碰撞机会增多,使胶核对离子的吸附作用减弱,将导致胶体凝聚。

（4）制备半透膜时，一定要使整个锥形瓶的内壁上均匀地附着一层火胶棉液，在取出半透膜时，一定要借助水的浮力将膜托出。制好的半透膜不用时需在水中保存。

八、实验拓展与讨论

溶胶的电动现象包括电泳、电渗、流动电势和沉降电势，其本质是溶胶粒子和分散介质带有不同性质的电荷。胶粒滑移面与介质内部之间存在的电势差称为电动电势或 ζ 电势，利用电泳现象即可测得。以本实验制备的 $Fe(OH)_3$ 溶胶为例，电动电势的测定方法如下。

（1）制备 HCl 辅助液：调节恒温槽温度为（25.0 ± 0.1）℃，用电导率仪测定 25 ℃时 HCl 的电导率，然后根据附录 14 表 9 中给出的不同浓度 HCl 溶液的摩尔电导率，用内插法求算与该电导率对应的 HCl 浓度，并在 100 mL 容量瓶中配制该浓度的 HCl 溶液。

（2）安装电泳装置：首先用 HCl 辅助液冲洗电泳管 2 次，再用少量溶胶润洗 1 次，并将电泳管固定在铁架台上。将渗析好的 $Fe(OH)_3$ 溶胶倒入电泳管（图 16-2）中，使液面超过下边两个活塞 2 和 3 少许。关闭这两个活塞，把电泳管倒置，将多余的溶胶倒掉，并用蒸馏水洗净活塞以上的管壁。打开上部活塞 1，用 HCl 溶液冲洗 1 次后，再加入 HCl 溶液并超过上部活塞 1 少许，关闭上部活塞 1，插入 Pt 电极，连接好线路。

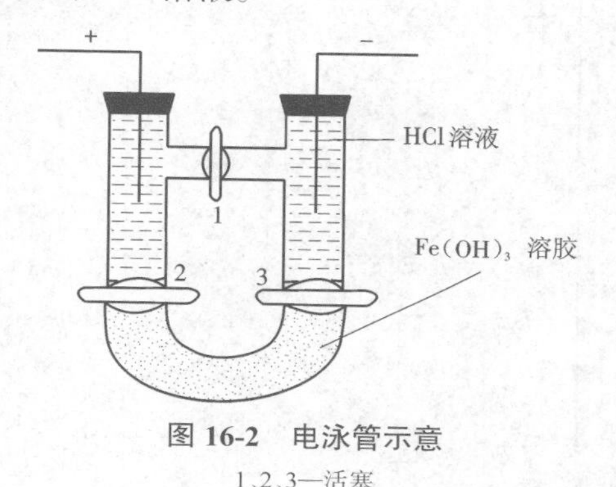

图 16-2　电泳管示意

1、2、3—活塞

（3）测定溶胶的电泳速率：缓缓开启下边两个活塞（活塞不要一下子全部打开，一定要慢慢打开，勿使溶胶液面搅动，否则得不到清晰的溶胶界面，需要重做），可得到溶胶与辅助液之间的一个清晰界面。然后接通稳压电源，迅速调节输出电压为 150~300 V。观察溶胶界面移动现象，当界面上升至左或者右活塞上少许时开始计时，准确记下溶胶在电泳管中的液面位置，以后每隔 5 min 记录 1 次时间及下降端液界面的位置及电压。连续电泳 40 min 左右，断开电源，记下准确通电时间 t 和溶胶面上升的距离 d，从伏特计上读取电压 U，并量取两极之间的距离 l（要沿电泳管的中心线量取）。

（4）实验结束后，拆除线路，用自来水洗净电泳管后，再用蒸馏水冲洗，最后将电泳管注满蒸馏水备用。

附录 14 物理化学实验中常用的数据表

表 1 不同温度下几种液体的密度 （$\times 10^3$ kg/m^3）

温度/℃	水	苯	甲苯	乙醇	氯仿	汞	乙酸	丁醇
0	0.999 842 5	—	0.866	0.806	1.526	13.596	1.071 8	0.820 4
5	0.999 966 8	—	—	0.802	—	13.583	1.066 0	—
10	0.999 702 6	0.887	0.875	0.798	1.496	13.571	1.060 3	—
11	0.999 608 1	—	—	0.797	—	13.568	1.059 1	—
12	0.999 500 4	—	—	0.796	—	13.566	1.058 0	—
13	0.999 380 1	—	—	0.795	—	13.563	1.056 8	—
14	0.999 247 4	—	—	0.795	—	13.561	1.055 7	0.813 5
15	0.999 102 6	0.883	0.870	0.794	1.486	13.559	1.054 6	—
16	0.998 946 0	0.882	0.869	0.793	1.484	13.556	1.053 4	—
17	0.998 777 9	0.882	0.867	0.792	1.482	13.554	1.052 3	—
18	0.998 598 6	0.881	0.866	0.791	1.480	13.551	1.051 2	—
19	0.998 408 2	0.880	0.865	0.790	1.478	13.549	1.050 0	—
20	0.998 207 1	0.879	0.864	0.789	1.476	13.546	1.048 9	—
21	0.997 995 5	0.879	0.863	0.788	1.474	13.544	1.047 8	—
22	0.997 773 5	0.878	0.862	0.787	1.472	13.541	1.046 7	0.807 2
23	0.997 541 5	0.877	0.861	0.786	1.471	13.539	1.045 5	—
24	0.997 299 5	0.876	0.860	0.786	1.469	13.536	1.044 4	—
25	0.997 047 9	0.875	0.859	0.785	1.467	13.534	1.043 3	—
26	0.996 786 7	—	—	0.784	—	13.532	1.042 2	—
27	0.996 516 2	—	—	0.784	—	13.529	1.041 0	—
28	0.996 236 5	—	—	0.783	—	13.527	1.039 9	—
29	0.995 947 8	—	—	0.782	—	13.524	1.038 8	—
30	0.995 650 2	0.869	—	0.781	1.460	13.522	1.037 7	0.800 7
35	0.994 035 9	0.863	—	0.777	—	—	—	—
40	0.992 218 7	0.859	—	0.772	1.451	13.497	—	—
50	0.988 039 3	0.847	—	0.763	1.433	13.473	—	—
90	0.965 323 0	0.836	—	0.754	1.411	13.376	—	—

表 2　水的饱和蒸气压(－20~100 ℃)

t/℃	p		t/℃	p		t/℃	p	
	mmHg	Pa		mmHg	Pa		mmHg	Pa
－20	0.772	102.92	14	11.99	1 598.15	48	83.71	11 160.22
－19	0.850	113.32	15	12.79	1 705.16	49	88.02	11 734.83
－18	0.935	124.65	16	13.63	1 817.15	50	92.51	12 333.43
－17	1.027	136.92	17	14.53	1 937.14	51	97.20	12 958.70
－16	1.128	150.39	18	15.48	2 063.79	52	102.1	13 611.97
－15	1.238	165.05	19	16.48	2 197.11	53	107.2	14 291.90
－14	1.357	180.92	20	17.54	2 338.43	54	112.5	14 998.50
－13	1.486	198.11	21	18.65	2 486.42	55	118.0	15 731.76
－12	1.627	216.91	22	19.85	2 646.40	56	123.8	16 505.02
－11	1.780	237.31	23	21.07	2 809.05	57	129.8	17 304.94
－10	1.946	259.44	24	22.38	2 983.70	58	136.1	18 144.85
－9	2.125	283.31	25	23.76	3 167.68	59	142.6	19 011.43
－8	2.321	309.44	26	25.21	3 361.00	60	149.4	19 910.00
－7	2.532	337.57	27	26.74	3 564.98	61	156.4	20 851.25
－6	2.761	368.10	28	28.35	3 779.62	62	163.8	21 837.82
－5	3.008	401.03	29	30.04	4 004.93	63	171.4	22 851.05
－4	3.276	436.76	30	31.82	4 242.24	64	179.3	23 904.28
－3	3.566	475.42	31	33.70	4 492.88	65	187.5	24 997.50
－2	3.876	516.75	32	35.66	4 754.19	66	196.1	26 144.05
－1	4.216	562.09	33	37.73	5 030.16	67	205.0	27 330.00
0	4.579	610.47	34	39.90	5 319.47	68	214.2	28 557.14
1	4.93	657.27	35	42.18	5 623.44	69	223.7	29 823.68
2	5.29	705.26	36	44.56	5 940.74	70	233.7	31 156.88
3	5.69	758.59	37	47.07	6 275.37	71	243.9	32 516.75
4	6.10	813.25	38	49.65	6 619.34	72	254.6	33 943.27
5	6.54	871.91	39	52.44	6 691.30	73	265.7	35 423.12
6	7.01	934.57	40	55.32	7 375.26	74	277.2	36 956.30
7	6.51	1 001.23	41	58.34	7 777.89	75	289.1	38 542.81
8	8.05	1 073.23	42	61.50	8 199.18	77	314.1	41 875.81
9	8.61	1 147.89	43	64.80	8 639.14	78	327.3	43 635.64
10	9.21	1 227.88	44	68.26	9 100.42	79	341.0	45 462.12
11	9.84	1 311.87	45	71.88	9 583.04	80	355.1	47 341.93
12	10.52	1 402.53	46	75.65	10 085.66	81	369.7	49 288.40
13	11.23	1 497.18	47	79.60	10 612.27	82	384.9	51 314.87

续表

t/℃	p		t/℃	p		t/℃	p	
	mmHg	Pa		mmHg	Pa		mmHg	Pa
83	400.6	53 407.99	89	506.1	67 473.25	95	633.9	84 511.55
84	416.8	55 567.78	90	525.8	70 099.66	96	657.6	87 671.23
85	433.6	57 807.55	91	546.1	72 806.05	97	682.1	90 937.57
86	450.9	60 113.99	92	567.0	75 592.44	98	707.3	94 297.24
87	466.7	62 220.44	93	588.6	78 472.15	99	733.2	97 750.22
88	487.0	64 940.17	94	610.9	81 445.19	100	760.0	101 325.00

表 3 不同温度下水的折射率（钠光）

温度/℃	折射率	温度/℃	折射率	温度/℃	折射率	温度/℃	折射率
10	1.333 70	16	1.333 31	22	1.332 81	28	1.332 19
11	1.333 65	17	1.333 24	23	1.332 72	29	1.332 08
12	1.333 59	18	1.333 16	24	1.332 63	30	1.331 96
13	1.333 52	19	1.333 07	25	1.332 52	—	—
14	1.333 46	20	1.332 99	26	1.332 42	—	—
15	1.333 39	21	1.332 90	27	1.332 31	—	—

表 4 几种常见液体的折射率（钠光）

物质	温度/℃		物质	温度/℃	
	15	20		15	20
苯	1.504 39	1.501 10	四氯化碳	1.463 05	1.460 44
丙酮	1.381 75	1.359 11	乙醇	1.363 30	1.361 30
甲苯	1.499 80	1.496 80	环己烷	1.429 00	—
乙酸	1.377 60	1.371 70	硝基苯	1.554 70	1.552 40
氯苯	1.527 48	1.524 60	正丁醇	—	1.399 09
氯仿	1.448 53	1.445 50	二硫化碳	—	1.625 46

表 5　折光仪校正用的常用标准液体的折光率及其温度系数

液体	t/℃	n_D^t	$-\frac{dn}{dt}\times10^5$
甲醇	15	1.330 70	39
水	15	1.333 39	7
	20	1.329 99	9
	25	1.332 50	11
	30	1.331 94	12
丙酮	15	1.361 6	—
	20	1.359 1	50
乙酸	15	1.373 9	38
	25	1.369 8	—
2,2,4-三甲基戊烷	20	1.391 5	—
	25	1.389 0	—
甲基环己烷	15	1.425 6	47
	20	1.423 1	—
	25	1.420 6	—
三氯甲烷	15	1.463 1	55
	20	1.460 3	—
	25	1.457 6	—
甲苯	15	1.499 9	60
	25	1.494 1	—
苯	15	1.504 4	63
	20	1.501 2	—
	25	1.498 1	—
氯苯	15	1.527 5	54
	20	1.524 7	—
二溴甲烷	15	1.544 6	55
溴苯	15	1.562 5	49
三溴甲烷	15	1.600 5	57
碘苯	15	1.623 0	55
二硫化碳	15	1.631 9	78
二碘甲烷	15	1.744 3	64

表 6　不同温度下 KCl 溶液的电导率

温度/℃	电导率/(S/m)		
	0.01 mol/L	0.02 mol/L	0.1 mol/L
10	0.102 0	0.194 0	0.993
11	0.104 5	0.204 8	0.956
12	0.107 0	0.209 3	0.979
13	0.109 5	0.214 2	1.002
14	0.112 1	0.219 3	1.025
15	0.114 7	0.224 3	1.048
16	0.117 3	0.233 4	1.072
17	0.119 9	0.234 5	1.095
18	0.122 5	0.239 7	1.119
19	0.125 1	0.244 9	1.143
20	0.127 8	0.250 1	1.167
21	0.130 5	0.255 3	1.191
22	0.133 2	0.260 6	1.215
23	0.135 9	0.265 9	1.239
24	0.138 6	0.271 2	1.264
25	0.141 3	0.276 5	1.288
26	0.144 1	0.281 9	1.313
27	0.146 8	0.287 3	1.337
28	0.149 6	0.292 7	1.362
29	0.152 4	0.298 1	1.387
30	0.155 2	0.303 6	1.412
31	0.158 1	0.309 1	1.437
32	0.160 9	0.314 6	1.462
33	0.163 8	0.320 1	1.488
34	0.166 7	0.325 6	1.513
35	—	0.331 2	1.539

表 7　不同温度下几种液体的黏度

（mPa·s）

温度/℃	水	苯	乙醇	氯仿
10	1.307	0.758	1.451	0.625
15	1.139	0.698	1.345	0.597
16	1.109	0.685	1.320	0.591
17	1.081	0.677	1.290	0.586
18	1.053	0.666	1.265	0.580

续表

温度/℃	水	苯	乙醇	氯仿
19	1.027	0.656	1.238	0.574
20	1.002	0.647	1.216	0.568
21	0.977 9	0.638	1.188	0.562
22	0.954 8	0.629	1.186	0.556
23	0.932 5	0.621	1.143	0.551
24	0.911 1	0.611	1.123	0.545
25	0.890 4	0.601	1.103	0.540
30	0.797 5	0.566	0.991	0.514
35	0.719 4	—	—	—
40	0.652 9	0.482	0.823	0.464
50	0.546 8	0.436	0.701	0.424
60	0.466 5	0.395	0.591	0.389

表 8　不同温度下水和空气界面上的表面张力

温度/℃	表面张力 /($\times 10^{-3}$ N/m)	温度/℃	表面张力 /($\times 10^{-3}$ N/m)	温度/℃	表面张力 /($\times 10^{-3}$ N/m)
0	75.64	19	72.90	30	71.18
5	74.92	20	72.75	35	70.38
10	74.22	21	72.59	40	69.56
11	74.07	22	72.44	45	68.74
12	73.93	23	72.28	50	67.91
13	73.78	24	72.13	55	67.05
14	73.64	25	71.97	60	66.18
15	73.49	26	71.82	70	64.42
16	73.34	27	71.66	80	62.61
17	73.19	28	71.50	90	60.75
18	73.05	29	71.35	100	58.85

表 9　电解质水溶液的摩尔电导率(25 ℃)

($S\cdot m^2/mol$)

浓度 /(mol/L)	电解质					
	$CuSO_4$	HCl	KCl	NaCl	NaOH	NaAc
0.1	50.58	391.32	128.96	106.74	—	72.80
0.05	59.05	399.09	133.37	111.06	—	76.92
0.02	72.20	407.24	138.31	115.51	—	81.24
0.01	83.12	412.00	141.27	118.51	238.0	83.76

续表

浓度 /(mol/L)	电解质					
	$CuSO_4$	HCl	KCl	NaCl	NaOH	NaAc
0.005	94.07	415.80	143.35	120.65	240.8	85.72
0.001	115.26	421.36	146.95	123.74	244.7	88.5
0.000 5	121.6	422.74	147.81	124.50	245.6	59.2
0.000 1	133.6	426.16	149.86	126.45	247.8	91.0

表 10　饱和标准电池在 0~40 ℃内的温度校正值 ΔE_t

t/℃	ΔE_t/μV	t/℃	ΔE_t/μV	t/℃	ΔE_t/μV	t/℃	ΔE_t/μV
0	345.60	18.2	72.47	20.1	−4.00	22	−83.53
1	353.94	18.3	65.17	20.2	−8.02	23	−127.94
2	359.13	18.4	61.49	20.3	−12.06	24	−174.06
3	361.27	18.5	57.79	20.4	−16.12	25	−221.84
4	360.43	18.6	54.07	20.5	−20.20	26	−271.22
5	356.66	18.7	50.33	20.6	−24.30	28	−374.62
6	350.08	18.8	45.57	20.7	−28.41	29	−428.54
7	340.74	18.9	42.80	20.9	−36.69	30	−483.54
8	328.71	19.0	39.00	21.0	−40.86	31	−540.65
9	314.07	19.1	35.19	21.1	−45.05	32	−658.16
10	296.90	19.2	31.35	21.2	−49.25	33	−718.84
11	277.26	19.3	27.50	21.3	−53.47	34	−780.78
13	230.83	19.4	23.63	21.4	−57.71	35	−908.25
14	204.18	19.5	19.74	21.5	−61.79	37	−908.25
15	175.32	19.6	15.83	21.6	−66.24	38	−973.73
16	144.30	19.7	11.90	21.7	−70.54	39	−1 040.32
17	111.22	19.8	7.95	21.8	−74.85	40	−1 108.00
18	76.09	20.0	0	21.9	−79.18		

参考文献

[1] 韩恩山. 物理化学实验[M]. 天津:天津大学出版社,2001.

[2] 王秋长,赵鸿喜,张守民,等. 基础化学实验[M]. 北京:科学出版社,2003.

[3] 冯霞,朱莉娜,朱荣娇. 物理化学实验[M]. 北京:高等教育出版社,2015.

[4] 乔艳红. 物理化学实验[M]. 北京:中国纺织出版社,2011.

[5] 孙文东,陆嘉星. 物理化学实验[M]. 3 版. 北京:高等教育出版社,2014.

[6] 复旦大学,等. 物理化学实验[M]. 3 版. 北京:高等教育出版社,2004.

[7] 顾月姝,宋淑娥. 基础化学实验(Ⅲ):物理化学实验[M]. 2 版. 北京:化学工业出版社,2007.

[8] 刘勇健,白同春. 物理化学实验[M]. 2 版. 南京:南京大学出版社,2014.

[9] 彭俊军,靳艾平,陈富偈. 物理化学实验[M]. 武汉:华中科技大学出版社,2021.

[10] 陈玉焕,侯安宇,张姝明,等. 电导法测定水溶性表面活性剂 CMC 实验的改进[J]. 广州化工, 2016,44(6):130-132.

[11] 曹少伟. 氢氧化铁溶胶的简便制备方法[J]. 新课程研究, 2012(4):73-74.

[12] 严宣申. 制备氢氧化铁胶体[J]. 化学教育, 2006(8):33,38.

[13] 黄桂萍,万东北,胡跃华. $Fe(OH)_3$ 溶胶及其纯化半透膜制备的探讨[J]. 赣南师范学院学报, 2003(6):103-104.